Reihe: Steuer, Wirtschaft und Recht · Band 316

Herausgegeben von vBP StB Prof. Dr. Johannes Georg Bischoff, Wuppertal, Dr. Alfred Kellermann, Vorsitzender Richter (a. D.) am BGH, Karlsruhe, Prof. (em.) Dr. Günter Sieben, Köln, und WP StB Prof. Dr. Norbert Herzig, Köln

Simon Rau

Statistisch-mathematische Methoden der steuerlichen Betriebsprüfung und die Strukturanalyse als ergänzende Alternative

Mit einem Geleitwort von Prof. Dr. Norbert Herzig, Universität zu Köln

EUL VERLAG

Bibliografische Information der Deutschen Nationalbibliothek

Die Deutsche Nationalbibliothek verzeichnet diese Publikation in der Deutschen Nationalbibliografie; detaillierte bibliografische Daten sind im Internet über <http://dnb.d-nb.de> abrufbar.

ISBN 978-3-8441-0142-3
1. Auflage April 2012

JOSEF EUL VERLAG GmbH
Brandsberg 6
53797 Lohmar
Tel.: 0 22 05 / 90 10 6-6
Fax: 0 22 05 / 90 10 6-88
E-Mail: info@eul-verlag.de
http://www.eul-verlag.de

Bei der Herstellung unserer Bücher möchten wir die Umwelt schonen. Dieses Buch ist daher auf säurefreiem, 100% chlorfrei gebleichtem, alterungsbeständigem Papier nach DIN 6738 gedruckt.

Geleitwort

Vor dem Hintergrund stagnierender Ressourcen der Finanzverwaltung, dem berechtigten Ruf nach einer Steigerung der Effizienz im Besteuerungsverfahren sowie der fortschreitenden Digitalisierung sämtlicher Schnittstellen zwischen (Steuer-)Bürger und Verwaltung im Rahmen des E-Governments sind auch die Prozesse der steuerlichen Betriebsprüfung einem Wandel unterworfen, der Prüfer und Steuerpflichtige gleichermaßen vor erhebliche Herausforderungen stellt.

Das vorliegende Werk, das in seiner Erstfassung im Rahmen der Diplomprüfung am Steuerseminar der Universität zu Köln verfasst wurde, widmet sich den mathematisch-statistischen Methoden der Betriebsprüfung, die mit der Einführung des digitalen Datenzugriffs der Finanzverwaltung gem. § 147 Abs. 6 AO die Prüfungspraxis um digitale, halbautomatische Verprobungsverfahren bereichert haben.

Im ersten Teil der Untersuchung nimmt Herr Rau eine Einordnung derjenigen Methoden vor, die seit Inkrafttreten der „Grundsätze zum Datenzugriff und zur Prüfbarkeit digitaler Unterlagen“ (GDPdU) massiv an Bedeutung gewonnen haben bzw. durch die direkte Nutzbarmachung digital vorliegender Betriebsdaten erst für den praktischen Prüfungseinsatz tauglich wurden. Der Zeitreihenvergleich und die gängigen Ausprägungen der Ziffernanalyse werden den traditionellen Verprobungs- und Schätzmethoden gegenübergestellt und hinsichtlich ihrer Bedeutung, ihrer Funktionsweise und ihrer Beweiskraft kritisch analysiert. Hierbei spielt die steuerrechtliche Qualifikation durch die aktuelle finanzgerichtliche Rechtsprechung naturgemäß eine entscheidende Rolle.

Im zweiten Teil stellt Herr Rau eine in Österreich bereits häufig praktizierte, in Deutschland hingegen bisher nur vereinzelt angewandte Verprobungsmethode, die sog. Strukturanalyse, vor. Ausgehend von den zugrunde liegenden mathematischen Gesetzmäßigkeiten diskutiert er ausführlich deren Anwendbarkeit auf reale Lebenssachverhalte, insbesondere auf bargeldintensive Klein- und Kleinstbetriebe. Untermauert wird das überwiegend positive Urteil über die praktische Einsatzfähigkeit der Strukturanalyse durch eine empirische Untersuchung auf Basis tatsächlicher Tageseinnahmen eines Gastronomiebetriebs. Herr Rau weist für dieses konkrete Beispiel anhand verschiedener manuell vorgenommener Manipulationen am Ausgangsdatensatz nach, dass die Methode derartige bewusste Veränderungen betrieblicher Daten weitgehend sicher aufzudecken vermag. Hingegen legen die Ergebnisse nahe, dass sich die Strukturanalyse nur begrenzt für die Ableitung der tatsächlich erzielten Einnahmen eines zu prüfenden Betriebes eignet, eine Einbindung der Methode in ein umfassendes „Prüfungsnetz" also unerlässlich erscheint.

Angesichts der jüngsten Einschränkungen, die die Verwertbarkeit von numerischen Verfahren in der Prüfungspraxis durch die Finanzgerichte erfahren hat, bereichert Herr Rau mit der vorliegenden Arbeit die Diskussion um eine Modernisierung der steuerlichen Betriebsprüfung um einen wertvollen Beitrag. Effizienzsteigerungen sollten sich nicht ausschließlich aus neuen technischen Möglichkeiten speisen, sondern auch inhaltliche Neuausrichtungen bzw. eine Ergänzung der bestehenden Methoden unter Beachtung der Rechte des Steuerpflichtigen mit sich bringen.

Köln, im Februar 2012 Norbert Herzig

Vorwort

Die Arbeit lag im Sommersemester 2011 der Universität zu Köln als Diplomarbeit vor. Literatur und Rechtsprechung sind bis Februar 2012 berücksichtigt. Für die Anregung dieser Untersuchung, deren Begleitung, sowie die Ausbildung im Fachbereich der betriebswirtschaftlichen Steuerlehre danke ich vor allem Herrn Prof. Dr. Norbert Herzig und seinem Lehrstuhl.

Außerdem danke ich Herrn Dr. Wolfgang Bornheim und der Kanzlei Schlütter Bornheim Seitz, die mich während meines Studiums außerordentlich gefördert haben.

Mein Dank gilt auch meiner Familie, die mich während der Zeit der Fertigstellung der Diplomarbeit und meines gesamten Studiums unterstützt hat. Ein besonderes Dankeschön richte ich darüber hinaus an meinen Vater Max Rau für die vielen Diskussionen, die mir bei der Konzeption dieser Arbeit sehr geholfen haben. Schließlich danke ich allen, die zur Veröffentlichung dieses Manuskripts beigetragen haben.

Köln, im Februar 2012 Simon Rau

Inhaltsverzeichnis

Tabellenverzeichnis

Abkürzungsverzeichnis

AO-StB	Der AO-Steuer-Berater (Zeitschrift)
AEAO	Anwendungserlass zur Abgabenordnung
BB	Betriebs-Berater (Zeitschrift)
BBK	Buchführung-Bilanz-Kostenrechnung (Zeitschrift)
BC	Bilanzbuchhalter und Controller (Zeitschrift)
BFuP	Betriebswirtschaftliche Forschung und Praxis (Zeitschrift)
BFH	Bundesfinanzhof
BFH/NV	Sammlung der Entscheidungen des Bundesfinanzhofs (Zeitschrift)
BGBl.	Bundesgesetzblatt
BGHSt.	Entscheidungssammlung des Bundesgerichtshofes in Strafsachen
BMF	Bundesministerium der Finanzen
BpO	Betriebsprüfungsordnung
BStBl.	Bundessteuerblatt (Zeitschrift)
DB	Der Betrieb (Zeitschrift)
DStRE	DStR-Entscheidungsdienst (Zeitschrift)
DStR	Deutsches Steuerrecht (Zeitschrift)
DStZ	Deutsche Steuer-Zeitung (Zeitschrift)
EFG	Entscheidungen der Finanzgerichte (Zeitschrift)
GuV	Gewinn- und Verlustrechnung
FG	Finanzgericht
FinMin.	Finanzministerium

FJ	Finanzjournal (Zeitschrift)
INF	Die Information über Steuer und Wirtschaft (Zeitschrift)
NBL	Newcomb-Benford Law
NiPt	Neue interaktive Prüfungstechnik
NWB	Neue Wirtschafts-Briefe (Zeitschrift)
NStZ	Neue Zeitschrift für Strafrecht (Zeitschrift)
NV	nicht amtlich veröffentlicht
KÖSDI	Kölner Steuerdialog (Zeitschrift)
ÖStZ	Österreichische Steuer-Zeitung (Zeitschrift)
pp-Plot	Probability-Probability-Plot
PStR	Praxis Steuerstrafrecht (Zeitschrift)
qq-Plot	Quantile–Quantile-Plot
SRP	Summarische Risikoprüfung
StB	Der Steuerberater (Zeitschrift)
StC	SteuerConsultant (Zeitschrift)
StBp	Die steuerliche Betriebsprüfung (Zeitschrift)
Stbg	Die Steuerberatung (Zeitschrift)
SWK	Steuer- und Wirtschaftskartei (Zeitschrift)
UFS	unabhängiger Finanzsenat
UFSW	unabhängiger Finanzsenat Wien
VwGH	Verwaltungsgerichtshof (Österreich)
WPg	Die Wirtschaftsprüfung (Zeitschrift)

1 Einleitung

1.1 Ausgangssituation

„Ohne Kontrolle gibt es in einem Rechtsstaat gewiss keine gleichmäßige Besteuerung.“[1]

Diese Feststellung von *K. Tipke* verdeutlicht die Notwendigkeit der steuerlichen Betriebsprüfung nach §§ 193 - 207 AO für die Bundesrepublik Deutschland. Die Betriebsprüfung, seit 1977 umbenannt in Außenprüfung, gilt als wichtigstes Instrument der Finanzverwaltung, um die Gleichmäßigkeit der Besteuerung zu wahren und den Besteuerungsanspruch des Staates durchzusetzen. Allein im Jahr 2009 wurde durch Betriebsprüfungen der Länder ein Mehrergebnis aus Mehrsteuern und Zinsen von 20,9 Mrd. € erzielt.[2] Aufgrund der steigenden Anzahl an Unternehmen[3] und begrenzten Prüfungskapazitäten bedarf es eines modernen und massentauglichen Prüfverfahrens, um die genannten Ziele der Betriebsprüfung zu erfüllen. Außerdem muss permanent überprüft werden, wie effektiv, ökonomisch und zeitgemäß die eingesetzten Kontrollmaßnahmen sind und wie diese verbessert werden können.[4] Einen wesentlichen Beitrag zur Überprüfung und Entwicklung der Kontrollmaßnahmen leistet hierbei die Bundesfinanzakademie in Brühl. Dort werden dem neusten technischen Stand entsprechende Prüfungstechniken entwickelt, vorgestellt und in die Praxis eingeführt.[5]

Entscheidende Entwicklungsanstöße für heutige Betriebsprüfungsmethoden hat *W. Baselt*[6] schon in der Zeit von 1970 bis 1983 in zahlreichen, unveröffentlichten Vorträgen an der damals noch in Siegburg ansässigen Bundesfinanzakademie gegeben. Der Übergang von auf Grundrechenarten basierenden Prüfungsmethoden hin zu Verfahren, die auf mathematischen Funktionen und funktionalen Abhängigkeiten basieren, wurde maßgeblich von ihm eingeleitet. Nahezu alle grafischen, stochastischen und mathematischen Verprobungsmethoden der steuerlichen Betriebsprüfung gehen auf *W. Baselt* zurück. Als seine wichtigsten Entwicklungen gelten der grafi-

[1] Vgl. *Tipke*, Steuerrechtsordnung, 1993, Bd. III, S. 1208.
[2] Vgl. BMF, Ergebnis, S. 1 (Internetquelle).
[3] Vgl. BMF, Ergebnis, S. 1 (Internetquelle).
[4] Vgl. *Tipke*, Steuerrechtsordnung, 1993, Bd. III, S. 1226; *Wenzig*, Betriebsprüfung, 2004, S. 41 f.; *Wähnert*, Anwendung, BBK 2008, S. 581 f.
[5] Vgl. *Schmitz*, Fortbildung, 1992, S. 219 ff.; *Huber*, Prüfungstechnik, 2004, S. 100 f.
[6] Vgl. z.B. *Baselt*, Betriebsprüfung, 1976, S. 1 ff.

sche Reihenvergleich und die Strukturanalyse. Während der achtziger Jahre wurde dank der Markteinführung von programmierbaren Taschenrechnern die Anwendung von analytischen statistisch-mathematischen Stichprobenverfahren vereinfacht und in zahlreichen Betriebsprüfungen erprobt.[7] In den Folgejahren wurden die Verwendungsmöglichkeiten der neuen Methoden intensiv diskutiert und in regionalen Arbeitskreisen mit Hilfe von immer leistungsfähigerer EDV angewendet.[8] Trotzdem konnten sich die Verfahren aufgrund ihrer Komplexität in der Praxis der Betriebsprüfung zunächst nicht flächendeckend etablieren.[9]

Seit dem 1. Januar 2002 dürfen die Finanzbehörden durch die Änderung der §§ 146, 147 und 200 AO durch das „Steuersenkungsgesetz"[10] im Rahmen einer Außenprüfung Unternehmensdaten in digitaler Form einfordern,[11] was die Bedeutung von Analysemethoden für die Betriebsprüfung enorm gesteigert hat.[12] Die Finanzverwaltung setzt seitdem die Datenanalysesoftware IDEA zur zielgerechten Verwaltung von Massendaten und zur Auffindung steuerrelevanter Sachverhalte ein. Die Software ermöglicht den Prüfern durch analytische Verfahren innerhalb kurzer Zeit eine Risikofilterung und eine sinnvolle Festlegung von Intensivprüffeldern, weshalb in der Literatur von der digitalen[13] oder elektronischen[14] Betriebsprüfung bzw. Außenprüfung gesprochen wird.[15] Die digitale Außenprüfung gilt als wichtiger Bestandteil eines effektiven Risikomanagements der Finanzverwaltung und wird innerhalb von Projektgruppen wie der „Summarischen Risikoprüfung"[16] (SRP) und der „Neuen

[7] Vgl. *Schmitz*, Fortbildung, 1992, S. 229; *Ernst*, Methoden, 1986, S. 97 ff.; *Ernst*, Reihenvergleich, StBp 1986, S. 78 ff.; *Bornheim*, Steuerstrafverteidigung, 2010, S. 280; *Kleine*, Berichtigungspotential, 1988, S. 106; *Huber*, Weiterentwicklung, 2009, S. 12.; *Schmitz/Gebbers/Huber*, Nachruf, StBp 2011, S. 93 ff.

[8] Vgl. *Huber*, Theorie, ÖStZ 2002, S. 598; *Köhler*, Betriebsstatistik, StBp 2001, S. 62 ff.; *Sosna*, Lokalisierung, StBp 2000, S. 41 ff.; *Odenthal*, Ziffernanalyse, WPg 1999, S. 630 ff.

[9] Vgl. *Schmitz*, Fortbildung, 1992, S. 229; *Bornheim*, Steuerstrafverteidigung, 2010, S. 280; *Kleine* Berichtigungspotential, 1988, S. 106; *Huber*, Weiterentwicklung, 2009, S. 12; *Blenkers/Siegert*, Zeitreihenvergleich, BC 2005, S. 55.

[10] Vgl. Gesetz zur Senkung der Steuersätze und zur Reform der Unternehmensbesteuerung v. 23.10.2000; BGBl. S. 1433 ff.

[11] Vgl. BMF v. 16.07.2001, BStBl. 2001, S. 415; *Eller*, Rechnungsstellung, 2003, S. 81, Rz. 98 ff.

[12] Vgl. *Kratzsch/Rahe*, Methoden, StB 2010, S. 162; *Sosna*, Ziffernanalyse, StBp 2004, S. 249; *Watrin/Ullmann*, Anwendungsmöglichkeiten, WPg 2009, S. 98.

[13] Vgl. *Kratzsch/Rahe*, Methoden, StB 2010, S. 162; *Hagenkötter/Mülot*, Datenzugriff, 2002, S. 1 ff.; *Groß/Weissinger*, Prüfsoftware, BC 2003, S. 50 ff.

[14] Vgl. *Wähnert*, Anwendung, BBK 2008, S. 581 ff; *Stahl*, Betriebsprüfung, KÖSDI 2005, S. 14532 ff.

[15] Vgl. *Carlé*, Unternehmens-EDV, KÖSDI 2001, S. 13106 ff.; *Schneider*, Unternehmensdaten, DStR 2004, S. 1269 ff.; *Watrin/Ullmann*, Anwendungsmöglichkeiten, WPg 2009, S. 98 f.; *Odenthal*, Prüfsoftware, 2006, S. 97 ff.

[16] Vgl. *Wähnert*, Risikoprüfung, StBp 2008 S. 296 ff.; *Wähnert*, Risikomanagement, StC 2009, S. 26 f.

interaktiven Prüfungstechnik"[17] (NiPt) intensiv diskutiert, um die Transparenz, Schlagkraft und Qualität der Prüfung zu verbessern. Vonseiten der Finanzverwaltung gilt der Einsatz von elektronischen Prüfverfahren als dringend erforderlich, um digitale und manuelle Manipulationen aufdecken zu können.[18]

Die aktuellen, in der Praxis etablierten Analyseverfahren[19] lassen sich in betriebswirtschaftliche Analysen und stochastische Manipulationstests unterteilen.[20] Der Zeitreihenvergleich gilt als wichtigste betriebswirtschaftliche Analyse. Die Anwendung von stochastischen Manipulationstests beschränkt sich in der Praxis meist auf das Verproben von Datensätzen auf das Newcomb-Benford Law und den Chi-Quadrat-Test über Endziffern. Beide Methoden gelten als sinnvolle Ergänzung zur betriebswirtschaftlichen Verprobung von elektronischen Unternehmensdaten.[21]

In der Fachliteratur wird zudem immer häufiger der Einsatz der Strukturanalyse gefordert, die ebenfalls ein statistisch-mathematisches Verfahren darstellt. Die in der Praxis in Vergessenheit geratene Methode eignet sich nach den Ansichten des Projektleiters der NiPt *E. Huber* und *H. Gebbers* durch Einsatz von moderner EDV hervorragend zur Aufdeckung von Manipulationen.[22] Das Verfahren ist jedoch trotz regelmäßiger Anwendung in der österreichischen Betriebsprüfung hoch umstritten[23] und auch *E. Huber* und *H. Gebbers* räumen ein, dass noch einige offene Fragen zur Strukturanalyse beantwortet werden müssen.[24]

1.2 Ziel dieser Ausarbeitung und Kurzdarstellung des Vorgehens

Im Rahmen dieser Arbeit sollen die vier Verfahren Chi-Quadrat-Test über Endziffern, das Verproben nach Newcomb-Benford Law, der Zeitreihenvergleich und die Strukturanalyse hinsichtlich ihrer Eigenschaften untersucht werden.

---

[17] Vgl. *Huber/Wähnert*, NiPt, NWB 2009, S. 2814 ff.; *Huber/Wähnert*, Zeitreihenurteil, StBp 2009, S. 207 ff.

[18] Vgl. *Wähnert*, Fragen, StBp 2010, S. 56 f.; *Huber*, Theorie, ÖStZ 2002, S. 595 ff.

[19] Vgl. *Odenthal*, Anmerkung, BBK 2010, S. 31; *Kratzsch/Rahe*, Methoden, StB 2010, S. 162; *Huber*, Weiterentwicklung, 2009, S. 3 f.

[20] Vgl. *Wähnert*, Einsatzmöglichkeiten, BBK 2009, S. 738 ff.; *Huber/Wähnert*, NiPt, NWB 2009, S. 2814 f.; *Wähnert*, Außenprüfung, Stbg 2007, S. 289 ff.

[21] Vgl. *Wähnert*, Einsatzmöglichkeiten, BBK 2009, S. 738 ff.; *Huber*, Weiterentwicklung, 2009, S. 3 f.; *Watrin/Ullmann*, Anwendungsmöglichkeiten, WPg 2009, S. 98 ff.

[22] Vgl. *Huber*, Herleitung, StBp 2008, S. 241 ff; *Gebbers*, Strukturanalyse, StBp 2007, S. 225 ff.; *Huber*, Entdeckungswahrscheinlichkeit, ÖStZ 2008, S. 84 f.

[23] Vgl. *Hackl*, Verfahren, SWK 2005, S. 728 ff.; *Huber*, Entdeckungswahrscheinlichkeit, ÖStZ 2008, S. 83 ff.; *Hübl*, Praxis, SWK 2005, S. 929 ff.

[24] Vgl. *Gebbers*, Strukturanalyse, StBp 2007, S. 295 f.; *Huber*, Herleitung, StBp 2008, S. 276 ff.; *Huber*, Entdeckungswahrscheinlichkeit, ÖStZ 2008, S. 83 ff.

Zunächst werden hierfür die Aufgaben der Außenprüfung und die steuerrechtlichen Anforderungen an Verprobungs- und Schätzmethoden erläutert und die Begriffe Verprobung und Schätzung voneinander abgegrenzt. Danach folgt die Vorstellung der gängigen Verprobungs- und Schätzmethoden sowie deren Anwendungsprobleme, um in der darauf folgenden Analyse den Nutzen der statistisch-mathematischen Verfahren für die steuerliche Betriebsprüfung darstellen zu können. Die Analyse erläutert, wann die statistisch-mathematischen Methoden eingesetzt werden und welche Folgen damit verbunden sind. Dabei werden die statistischen Annahmen, die Berechnung, die Rechtsprechung sowie die Stärken und Schwächen der einzelnen Methoden untersucht und erläutert. Insbesondere wird auch die Frage geklärt, ob eine Methode oder eine Methodenkombination als überlegen angesehen werden kann.

Die Anwendbarkeit der Strukturanalyse wird praktisch anhand von realen Unternehmensdaten erprobt. Ziel ist es, eine Aussage darüber zu treffen, ob die Strukturanalyse flächendeckend in die steuerliche Betriebsprüfung etabliert werden sollte. Dafür werden die durch das Verfahren erreichbaren Ergebnisse einer kritischen Würdigung unterzogen. Dadurch soll der zu erwartende Grad an Genauigkeit festgestellt und herausgefunden werden, welche Arten von Manipulation sich mit der Strukturanalyse aufdecken lassen.

2 Aufgaben und Ablauf der steuerlichen Betriebsprüfung sowie steuerrechtliche Anforderungen an die traditionellen Verprobungs- und Schätzmethoden

2.1 Begriffsdefinition „steuerliche Betriebsprüfung“ im Rahmen dieser Ausarbeitung

Als Außenprüfung bezeichnet man das formalisierte Verwaltungsverfahren zur Ermittlung der steuerlichen Verhältnisse mit besonderen Mitwirkungspflichten eines Steuerpflichtigen. Gesetzlich ist die Außenprüfung in den §§ 193 – 207 AO geregelt. Die gesetzlichen Bestimmungen werden insbesondere durch den Anwendungserlass zur Abgabenordnung in den §§ 193 ff. AEAO, den Regelungen der BpO 2000 sowie dem, etwa vom Finanzministerium NRW veröffentlichten, bundeseinheitlich abgestimmten Rationalisierungserlass[25] ergänzt. Der Begriff Außenprüfung erinnert daran, dass nicht nur Betriebe und Freiberufler, sondern auch die steuerlichen Verhältnisse von Privatpersonen oder gemeinnützigen Organisationen mit oder ohne wirtschaftlichen Geschäftsbetrieb einer intensiven Prüfung unterliegen.[26] Der im Rahmen dieser Arbeit verwendete Begriff „steuerliche Betriebsprüfung“ bezieht sich auf die oft problematische Form der Außenprüfung von gewerblichen Klein- und Mittelbetrieben sowie Freiberuflern, bei der die thematisierten statistisch-mathematischen Methoden eine große Bedeutung haben.[27] Besondere Prüfungen und Untersuchungen der Steuerfahndung sowie steuerstrafrechtliche Aspekte werden im Rahmen dieser Arbeit nicht behandelt.

2.2 Aufgabendefinition in Steuerrecht, Rechtsprechung und Literatur

Die Aufgabe der Außenprüfung ist durch § 85 AO definiert. Die Finanzbehörden haben hiernach den Auftrag, die Steuern gleichmäßig zu erheben und sicherzustellen, dass keine Steuern zu Unrecht erhoben oder verkürzt werden. Diese allgemeine Verfahrensvorschrift des § 85 AO gilt für das gesamte Beststeuerungsverfahren und somit auch für das Außenprüfungsverfahren.[28] Verfassungsrechtlich wird die Außen-

---

[25] Vgl. FinMin NRW, Rationalisierungserlass v. 16.5.1995, S 1502 - 4 - V C 5.

[26] Vgl. *Klein/Rüsken*, AO, Kommentar, § 193 Rz. 1; *Seer* in Tipke/Kruse AO/FGO, Kommentar, Vorbemerkungen zu §§ 193 – 203 AO Rz. 4 ff.; *Watrin*, Methoden, 2007, S. 1190; *Teufel*, Organisationen, DB 1999, S. 874 ff.

[27] Vgl. *Huber*, Prüfungstechnik, 2004, S. 1 ff.; *Kratzsch/Rahe*, Methoden, StB 2010, S. 162.

[28] Vgl. *Seer* in Tipke/Kruse AO/FGO, Kommentar, § 85 AO Rz. 3; *Assmann*, Schätzungen, StBp 2001, S. 255 f.; *Wenzig*, Betriebsprüfung, 2004, S. 19 f.

prüfung durch die in Art. 3 GG festgeschriebene Rechtssetzungs- und Rechtsanwendungsgleichheit legitimiert.[29] Die Außenprüfung gilt als „das einzige geeignete und erforderliche Mittel, um die tatsächlichen und rechtlichen Verhältnisse in steuerlicher Hinsicht einigermaßen zufriedenstellend aufzuklären und [ist] damit als Mittel zur Erforschung steuerlicher Sachverhalte und Gewährleistung einer zutreffenden Besteuerung unabdingbar."[30]

In § 194 Abs. 1 Satz 1 AO wird die Ermittlung der steuerlichen Verhältnisse des Steuerpflichtigen als zentrale Aufgabe der Außenprüfung präzisiert. Durch § 199 Abs. 1 AO wird der Aufgabenbereich auf die Überprüfung der rechtlichen Verhältnisse ausgeweitet. § 88 Abs. 2 AO verpflichtet die Finanzbehörde, neben den für den Steuerpflichtigen ungünstigen, auch die günstigen Umstände zu berücksichtigen. Die Finanzverwaltung muss objektiv prüfen und soll nicht nur durch das Ziel geleitet werden, ein steuerliches Mehraufkommen zu generieren.[31] In der BpO 2000 wird die Ermittlung und Beurteilung der steuerlich bedeutsamen Sachverhalte als zentraler Zweck der Außenprüfung genannt. Während der Prüfungsmaßnahmen sollen die Grundsätze der Verhältnismäßigkeit der Mittel und des geringstmöglichen Eingriffs beachtet werden.[32] Die Außenprüfung „hat sich in erster Linie auf solche Sachverhalte zu erstrecken, die zu endgültigen Steuerausfällen oder Steuererstattungen oder -vergütungen oder zu nicht unbedeutenden Gewinnverlagerungen führen können."[33]

Die Literatur unterteilt die Aufgaben der Außenprüfung neben der in der AO beschriebenen detektivischen Funktion zusätzlich in prophylaktische und pädagogische Funktionen. Als prophylaktische Funktion wird die Tatsache beschrieben, dass Unternehmer nach der Außenprüfung Sicherheit über die tatsächliche Steuerbelastung haben und aufgrund der in § 173 Abs. 2 AO geregelten, erhöhten Bestandskraft vor höheren Belastungen weitgehend geschützt sind. Als pädagogische Funktion gilt die aus der Aufdeckung von steuerlichen Fehlern resultierende Einsicht von Steuer-

[29] Vgl. *Seer* in Tipke/Kruse AO/FGO, Kommentar, § 85 AO Rz. 8 ff.; *Wenzig*, Betriebsprüfung 2004, S. 20.

[30] Vgl. BFH v. 02.09.1988, III R 280/84, BStBl. II 1989, S. 6.

[31] Vgl. *Seer* in Tipke/Kruse AO/FGO, Kommentar, § 88 AO Rz. 34; *Wenzig*, Betriebsprüfung 2004, S. 19 f.

[32] Vgl. § 2 Abs. 1 S. 1 u. 2. BpO 2000.

[33] § 7 S. 3 BpO 2000.

pflichtigen, dass falsche Angaben nicht zu der gewünschten Steuerverkürzung führen.[34]

2.3 Ablauf der steuerlichen Betriebsprüfung

Der Ablauf einer steuerlichen Betriebsprüfung ist generell betriebsgrößenabhängig. So besteht im Bereich der KMU und Kleinstbetriebe ein erhöhtes fiskalisches Risiko, dass nicht alle Einnahmen und Erlöse erfasst werden.[35] Die Überprüfung der vollständigen Einnahmen in diesem Unternehmensbereich gilt als eine der bedeutendsten Kontrollaufgaben der steuerlichen Betriebsprüfung. Die Betriebsprüfer konzentrieren sich bei KMU und Kleinstbetrieben meist auf die Prüfung des Geldverkehrs, des Umsatzes und auf die Ermittlung des Reingewinns, um bei Mängeln die Ordnungsmäßigkeit der Buchführung anzweifeln zu können. Bei Großbetrieben stehen hingegen meist Rechts-, Tat- und Bewertungsfragen im Vordergrund einer Betriebsprüfung.[36]

2.4 Steuerrechtliche Anforderungen an die traditionellen Verfahren

2.4.1 Schätzungsbefugnis

§ 162 Abs. 1 AO ist die Rechtsgrundlage für Schätzungen im Besteuerungsverfahren. So hat die Finanzbehörde u.a. dann, wenn die Besteuerungsgrundlagen nicht ermittelt oder berechnet werden können, eine Schätzung durchzuführen.[37] Die Schätzung im Rechtssinne ist ein Verfahren, um Besteuerungsgrundlagen mit Hilfe von Wahrscheinlichkeitsüberlegungen zu ermitteln, wenn eine sichere Feststellung durch anderweitig zumutbare Ermittlungen des Finanzamts nicht ermittelt werden kann.[38] Bei unzumutbarem Ermittlungsaufwand kann die Finanzbehörde eine Schätzung durchführen oder mit dem Steuerpflichtigen einvernehmlich eine sog. tatsächliche Verständigung[39] über Besteuerungsgrundlagen treffen. Gegenstand einer Schätzung sind nicht die zu zahlende Steuer, sondern die Besteuerungsgrundlagen, d.h. die der Be-

---

[34] Vgl. *Wenzig*, Betriebsprüfung 2004, S. 21; *Renger*, Unternehmensbesteuerung, DB 1951, S. 549 f.; BMF, Ergebnis, S. 3 (Internetquelle).

[35] Vgl. *Huber*, Prüfungstechnik, 2004, S. 1; *Brete*, Gastronomiebetriebe, StBp 2007, S. 70.

[36] Vgl. *Huber*, Risikomanagement, StBp 2006, S. 6; *Wähnert*, Risikoprüfung, StBp 2008, S. 297.

[37] Vgl. *Seer* in Tipke/Kruse AO/FGO, Kommentar, § 162 AO Rz. 8; *Apitz*, Aspekte, StBp 1996, S. 96 f.; *Carlé*, Abwehr, KÖSDI 2005, S. 14717.

[38] Vgl. BFH v. 02.02.1982, VIII R 65/80, BStBl. II 1982, S. 412 f.; BFH v. 24.06.1997, VIII R 9/96, BStBl. II 1998 S. 52.

[39] Vgl. *Seer,* Verständigungen, 1996, S. 1 ff.; *Assmann*, Umsatznachkalkulationen, StBp 1991, S. 105 f.

steuerung zugrunde liegenden Tatsachen. Sowohl steuererhöhende als auch steuermindernde Sachverhalte können geschätzt werden.[40]

Die Finanzbehörde erhält gemäß § 162 Abs. 2 S. 1 AO insbesondere dann eine Schätzungsbefugnis, wenn der Steuerpflichtige über seine Angaben keine ausreichenden Aufklärungen macht oder nicht machen kann, Auskunft verweigert, eine Versicherung an Eides statt ablehnt oder seine Mitwirkungspflicht nach § 200 AO oder § 90 Abs. 2 AO verletzt. Als weiterer, für die Praxis besonders relevanter Sachverhalt wird in § 162 Abs. 2 Satz 2 AO dem Finanzamt eine Schätzungsbefugnis erteilt, wenn die Buchführung und Aufzeichnungen nicht gemäß § 158 AO der Besteuerung zugrunde gelegt werden können.[41] Die gesetzlichen Buchführungs- und Aufzeichnungspflichten ergeben sich aus §§ 140 ff. AO und dem Verweis des § 140 AO auf andere Gesetze. Des Weiteren sehen auch die Einzelsteuergesetze und ordnungsrechtlichen Vorschriften besondere Aufzeichnungs- und Nachweispflichten vor, die bei Nichtbeachtung den Tatbestand des § 162 Abs. 2 Satz 2 AO erfüllen.[42] Die Finanzverwaltung unterscheidet zwischen sachlichen und formellen Fehlern in der Buchführung. Sachliche Fehler sind beispielsweise das Nichterfassen von Einnahmen und Ausgaben, ein nicht chronologisch geführtes Kassenbuch oder ein fehlender Einzelnachweis der Kasse durch einen Kassenstreifen. Als formelle Fehler gelten zum Beispiel die Nichteinhaltung der Aufbewahrungspflichten im Sinne des § 147 Abs. 2 AO oder der allgemeinen Anforderungen an Buchführung und Aufzeichnungen im Sinne des § 145 AO sowie eine nicht zeitnahe Führung des Kassenbuchs.[43]

Grundsätzlich besteht ein essentieller Zusammenhang zwischen der Schätzungsbefugnis und der formellen Ordnungsmäßigkeit der Buchführung im Sinne des § 158 AO. Eine formell ordnungsgemäße Buchführung löst die – widerlegbare – Rechtsvermutung ihrer sachlichen Richtigkeit aus. Der Gesetzgeber gewährt dem Steuerpflichtigen hierdurch einen von der Finanzverwaltung zu respektierenden Ver-

---

[40] Vgl. *Meyer*, Abwehrstrategien, DStR 2005, S. 2115 f.; *Schützeberg*, Schätzung, StBp 2009, S. 33.

[41] Vgl. *Carlé*, Abwehr, KÖSDI 2005, S. 14717; *Bornheim*, Verteidigungsstrategien, AO-StB 2003, S. 49; *Schützeberg*, Schätzung, StBp 2009, S. 33 f.; *Bruschke*, Steuererklärungen, DStZ 2006, S. 222 f.

[42] Vgl. *Meyer*, Abwehrstrategien, DStR 2005, S. 2114; *Carlé*, Abwehr, KÖSDI 2005, S. 14717; *Wedelstädt*, Finanzamt, AO-StB 2008, S. 246.

[43] Vgl. *Kratzsch/Rahe*, Methoden, StB 2010, S. 163; *Wedelstädt*, Finanzamt, AO-StB 2008, S. 246 f.

trauensvorschuss.[44] Eine formell ordnungsgemäße Buchführung wird nur dann nicht der Besteuerung zugrunde gelegt, wenn diese mit an Sicherheit grenzender Wahrscheinlichkeit ganz oder teilweise sachlich unrichtig ist.[45] Die Beweislast für steuererhöhende Tatsachen trägt die Finanzverwaltung.[46] Die Betriebsprüfung versucht deshalb in der Praxis häufig die Buchführung für formell unrichtig zu erklären, da die Schwelle zur Schätzungsbefugnis in diesem Fall deutlich niedriger liegt. Eine Buchführung gilt allerdings nur dann als formell ordnungswidrig, wenn ernsthafte und begründete Zweifel an der sachlichen Richtigkeit des Ergebnisses der Buchführung bestehen. Das bloße Vorliegen unwesentlicher Mängel, wie beispielsweise fehlende oder unstimmige Belege, reicht nicht aus, um die Schätzungsbefugnis zu begründen.[47] Nach Auffassung des BFH ist eine Schätzung nur bei einer sachlich falschen Buchführung möglich.[48] Im Einzelfall ist das sachliche Gewicht vorliegender Mängel auf die gesamte Buchführung zu prüfen.[49]

2.4.2 Weitere Grundlagen zur Schätzung und Verprobung und deren Methoden

Zu unterscheiden sind zudem Voll- und Teilschätzungen. Bei einer Vollschätzung werden alle Teile der Bemessungsgrundlage für einen bestimmten Veranlagungszeitraum oder Zeitpunkt geschätzt. Die Teilschätzung umfasst hingegen nur die Schätzung von Teilen der Bemessungsgrundlage. Entscheidend für die von der Finanzbehörde zu wählende Art der Schätzung ist die Verwertbarkeit der vom Steuerpflichtigen vorgelegten Aufzeichnungen. Eine Teilschätzung wird durchgeführt, wenn die Besteuerungsgrundlagen im Wesentlichen übernommen und die Fehler durch Schätzung ausgeglichen werden können.[50] Ziel der Schätzung ist die Ermittlung der Tatsachen, die der Wirklichkeit möglichst nahe kommen.[51] Zudem müssen die Ergebnisse wirtschaftlich vernünftig und möglich sein, sowie die Schätzung an sich materiell schlüssig.[52] Die Schätzung muss sich stets innerhalb eines Schätzrahmens bewegen. Der Schätzrahmen kann zum Nachteil des Steuerpflichtigen ausgeweitet werden,

---

[44] Vgl. *Klein/Rüsken* AO, Kommentar § 158 Rz. 1; *Carlé*, Abwehr, KÖSDI 2005, S. 14718; *Assmann*, Schätzungen, StBp 2001, S. 256.
[45] Vgl. BFH v. 24.06.1997, VIII R 9/96, BStBl. II 1998, S. 52.
[46] Vgl. BFH v. 09.08.1991, VIII R 129/85, BStBl. II 1992, S. 56 f.
[47] Vgl. *Carlé*, Abwehr, KÖSDI 2005, S. 14725; *Meyer*, Abwehrstrategien, DStR 2005, S. 2118.
[48] Vgl. BFH v. 17.11.1981, VIII R 174/77, BStBl. II 1982, S. 432 ff.
[49] Vgl. *Carlé*, Abwehr, KÖSDI 2005, S. 14725; *Meyer*, Abwehrstrategien, DStR 2005, S. 2118.
[50] Vgl. *Carlé*, Abwehr, KÖSDI 2005, S. 14726; *Gombert*, Schätzung, 2001, S. 139 f.
[51] Vgl. BFH v. 18.08.1960, IV 299/58 U, BStBl. III 1960, S. 451 ff.
[52] Vgl. BFH v. 12.04.1988, VIII R 154/84, BFH/NV 1989, S. 636 ff., *Carlé*, Abwehr, KÖSDI 2005, S. 14726; *Meyer*, Abwehrstrategien, DStR 2005, S. 2119.

wenn dieser seinen Mitwirkungspflichten nicht nachkommt. Gerechtfertigt wird dies damit, dass der Steuerpflichtige, der seinen Pflichten nicht nachkommt, nicht auch noch durch eine für ihn günstige Schätzung belohnt werden darf. Grundsätzlich gilt für Schätzungen: Je umfangreicher der zugrunde gelegte Ausgangssachverhalt und je zuverlässiger die Schätzmethode ist, desto größer ist auch die Wahrscheinlichkeit, dass die Schätzung zutreffend ist.[53] Eine genaue Bestimmung der Besteuerungsgrundlagen ist nur zufällig erreichbar.[54]

Es muss zwischen der Verprobung und der Schätzung der Besteuerungsgrundlagen differenziert werden. Die Verprobung dient der Widerlegung der Angaben des Steuerpflichtigen. Durch die Schätzung werden nach erfolgter Verwerfung der Buchführung infolge der Verprobung die Besteuerungsgrundlagen ermittelt. In der Literatur wird deshalb von einer zweistufigen Prüfung gesprochen.[55] In der Praxis werden direkte und indirekte Methoden zur Verprobung der sachlichen Richtigkeit der Buchführung und zur Schätzung der Besteuerungsgrundlagen angewendet. Bei der direkten Prüfung werden beispielsweise konkrete Belege eines Geschäftsvorfalls überprüft und bis zum Urbeleg verfolgt.[56] Indirekte Methoden sind im Wesentlichen Schlüssigkeitsprüfungen, mit denen auf die wahrscheinliche Höhe der Besteuerungsgrundlagen geschlossen werden soll.[57]

Die Auswahl der Schätz- und Verprobungsmethoden liegt im pflichtgemäßen Ermessen der Finanzbehörde.[58] Das Finanzamt ist nicht verpflichtet, das Ergebnis einer Schätzmethode mit der Anwendung einer anderen Schätzmethode zu überprüfen und gegebenenfalls zu untermauern.[59] Eine Schätzung muss im Rechtsbehelfsverfahren überprüfbar sein. Deshalb müssen die Grundlagen der Schätzung und ihre Durchführung in für Dritte nachvollziehbarer Art und Weise dokumentiert werden. Eine Schätzung kann nicht aufrechterhalten werden, wenn das Vorgehen nicht nachvoll-

[53] Vgl. *Trzaskalik* in Hübschmann/Hepp/Spitaler (HHSp.), Kommentar, § 162 AO, Rz. 37 f.; *Carlé*, Abwehr, KÖSDI 2005, S. 14726; *Meyer*, Abwehrstrategien, DStR 2005, S. 2119.
[54] Vgl. BFH v. 26.04.1983, VIII R 38/82, BStBl. II 1983, S. 619 f.; BFH v. 18.12.1984, VIII R 195/82, BStBl. 1986 II, S. 229.
[55] Vgl. *Apitz*, Schätzungen, DStR 1985, S. 305 ff.; *Seer* in Tipke/Kruse AO/FGO, Kommentar, § 158 AO Rz. 9 ff. u. § 162 AO Rz. 53; *Bornheim*, Steuerstrafverteidigung, 2010, S. 282.
[56] Vgl. *Apitz*, Schätzungen, DStR 1985, S. 305 ff.; *Seer* in Tipke/Kruse AO/FGO, Kommentar, § 158 AO Rz. 9 ff. u. § 162 AO Rz. 53; *Assmann*, Umsatznachkalkulationen, StBp 1991, S. 97.
[57] Vgl. *Huber*, Erlösrevision, StBp 2007, S. 193.
[58] Vgl. *Schützeberg*, Schätzung, StBp 2009, S. 34.
[59] Vgl. BFH v. 01.03.2005, X B 158/04, BFH/NV 2005, S. 1015.

ziehbar ist.[60] Die Methoden müssen richtig angewendet und betriebliche Besonderheiten berücksichtigt werden.[61]

Die Finanzverwaltung kann in der Regel im Rahmen einer Einzelprüfung[62] nur stichprobenartig einzelne Geschäftsvorfälle prüfen, um die sachliche Richtigkeit der Buchführung zu verwerfen. Deshalb verwendet die Finanzverwaltung häufig Verprobungsmethoden, um die Besteuerungsgrundlagen zu überprüfen. Verprobungsmethoden sind Rechenoperationen, die dazu geeignet sind, auf eine andere Weise als der Steuerpflichtige die Besteuerungsgrundlagen zu ermitteln. Die Verprobungsmethoden enthalten Elemente einer Schätzung, da im Rahmen von Wahrscheinlichkeitsannahmen operiert wird. Deshalb gelten alle Verprobungsmethoden als mehr oder weniger grobe Schätzverfahren, die genau wie Schätzmethoden verschiedene Angriffsflächen zur Widerlegung der Ergebnisse für den Steuerpflichtigen bieten. Parallelen zwischen Verprobung und Schätzung bestehen auch insofern, als dass die Verprobung nach denselben Methoden vorzunehmen ist wie die Schätzung.[63]

Die Rechtsprechung stellt hohe Anforderungen an Verprobungsmethoden, mit denen das Finanzamt die Vermutung des § 158 AO widerlegen kann. Basiert eine Verprobung auf Wahrscheinlichkeitsannahmen, muss durch Zu- und Abschläge versucht werden, ein möglichst sicheres Urteil zu ermitteln. Die Auswahl der Schätzmethode ist vom Einzelfall abhängig.[64] Die Buchführung darf nur durch eine Verprobung ganz oder teilweise verworfen werden, wenn die Abweichung vom Buchführungsergebnis so bedeutsam ist, dass diese nicht auf Unschärfen der jeweiligen Verprobungsmethode zurückzuführen ist. Nicht jede Abweichung des Buchführungsergebnisses vom Ergebnis einer geeigneten Verprobungsmethode bedeutet somit zwangsläufig, dass die Buchführung verworfen werden muss.[65]

---

[60] Vgl. BFH v. 08.09.1994, IV R 6/93, BFH/NV 1995, S. 575; BFH v. 17.06.2004, IV R 45/03, BFH/NV 2004, S. 1618 f.
[61] Vgl. *Seer* in Tipke/Kruse AO/FGO, Kommentar, § 158 AO Rz. 17.
[62] Vgl. *Seer* in Tipke/Kruse AO/FGO, Kommentar, § 158 AO Rz. 16 f.
[63] Vgl. *Seer* in Tipke/Kruse AO/FGO, Kommentar, § 158 AO Rz. 16 u. § 162 AO Rz. 53; *Bornheim*, Steuerstrafverteidigung, 2010, S. 280 ff.; *Bornheim*, Verteidigungsstrategien, AO-StB 2003, S. 50.
[64] Vgl. *Seer* in Tipke/Kruse AO/FGO, Kommentar, § 158 AO Rz. 9 ff. u. § 162 AO Rz. 39 u. 53; *Carlé*, Abwehr, KÖSDI 2005, S. 14718; *Meyer*, Abwehrstrategien, DStR 2005, S. 2115.
[65] Vgl. BFH v. 26.04.1983, VIII R 38/82, BStBl. II 1983, S. 618 ff.

2.5 Traditionelle Verprobungs- und Schätzmethoden

In der Literatur wird eine große Anzahl an verschiedensten Verprobungs- und Schätzmethoden genannt.[66] Die folgenden Erläuterungen beschränken sich auf die am häufigsten genannten traditionellen Methoden. Diese sind laut *R. Seer*[67] und der aktuellen Literatur als gebräuchlich und wesentlich anzusehen.[68]

a) Äußerer Betriebsvergleich und amtliche Richtsätze:

Beim äußeren bzw. externen Betriebsvergleich wird der zu prüfende Betrieb mit den Verhältnissen anderer, vergleichbarer Betriebe oder mit Kennziffern aus den auf der Rechtsgrundlage des § 88a AO basierenden amtlichen Richtsätzen der Finanzverwaltung verglichen. Der Vergleich von Betrieben mit den amtlichen Richtsätzen ist letztlich eine besondere Art des äußeren Betriebsvergleichs. In der Richtsatzsammlung sind die für die Besteuerung maßgeblichen Kennzahlen wie Rohgewinnaufschlag auf den Wareneinsatz, Rohgewinn, Reingewinn und Halbreingewinn ausgewiesen. Für diese Bereiche werden jeweils Bandbreiten festgelegt, die in untere, obere und mittlere Werte unterteilt sind. Die Daten beruhen auf den Ergebnissen bislang vorgenommener Außenprüfungen und werden jährlich durch Ermittlungen bei Normalbetrieben aktualisiert.[69]

Der äußere Betriebsvergleich und die Orientierung an der Richtsatzsammlung beruhen auf der Annahme, dass Betriebe unter bestimmten Voraussetzungen vergleichbar sind. Die Vergleichsbetriebe müssen in der gleichen Branche tätig sein und auch im Hinblick auf die Größe und Lage sowie hinsichtlich der Organisation und des Kundenstamms vergleichbar sein. Konkrete Besonderheiten des Einzelfalls können bei der Anwendung dieser beiden Methoden kaum berücksichtigt werden. Deshalb gilt der äußere Betriebsvergleich als gröbste Methode, um die sachliche Richtigkeit der

[66] Vgl. z.B. *Stahl*, Methoden, KÖSDI 1990, S. 7922 ff.; *Apitz*, Schätzungen, DStR 1985, S. 304 f.; *Bornheim*, Steuerstrafverteidigung, 2010, S. 282 ff.; *Reichel*, Schätzung, 1979, S. 49 ff.; *Mittelbach*, Besteuerungsverfahren, 1961, S. 44 ff.; *Gombert*, Schätzung, 2001, S. 142 ff.; *Assmann*, Schätzungen, StBp 2001, S. 281 ff.; *Meyer*, Abwehrstrategien, DStR 2005, S. 2115 ff.; *Pahlke/Koenig/ Cöster*, AO, Kommentar, § 162 Rz. 104 ff.; *Klein/Rüsken* AO, Kommentar § 162 Rz. 41 ff.; *Carlé*, Abwehr, KÖSDI 2005, S. 14718 ff.

[67] Vgl. *Seer* in Tipke/Kruse AO/FGO, Kommentar, § 158 AO Rz. 18 ff. u. § 162 Rz. 54 ff.

[68] Vgl. *Meyer*, Abwehrstrategien, DStR 2005, S. 2115 ff.; *Pahlke/Koenig/ Cöster*, AO, Kommentar, § 162 Rz. 104 ff.; *Klein/Rüsken* AO, Kommentar § 162 Rz. 41 ff.; *Carlé*, Abwehr, KÖSDI 2005, S. 14718 ff.; *Schützeberg*, Schätzung, StBp 2009, S. 35 f.

[69] Vgl. *Seer* in Tipke/Kruse AO/FGO, Kommentar, § 158 AO Rz. 18 u. § 162 AO Rz. 55 f.; *Bornheim*, Steuerstrafverteidigung, 2010, S. 282; *Gombert*, Schätzung, 2001, S. 150.

Buchführung zu beanstanden.[70] Die Richtsätze sind keine verbindlichen Rechtsnormen, sondern nur als Hilfsmittel der Finanzverwaltung bei der Verprobung des Umsatzes und des Gewinns eines Steuerpflichtigen anzusehen.[71] Die Anwendung dieser Methoden kann deshalb nur Anhaltspunkte dafür liefern, ob ein Betriebsergebnis zutreffend ist. Nur wenn noch weitere Anzeichen darauf hindeuten, dass die Buchführung nicht zutreffend sein kann, darf diese verworfen werden.[72]

b) Innerer Betriebsvergleich, insbesondere Nachkalkulation:

Der innere Betriebsvergleich, insbesondere die Nachkalkulation, gewinnt seine Vergleichsdaten ausschließlich aus innerbetrieblichen Verhältnissen. Anhand von innerbetrieblichen Daten, wie zum Beispiel Erlösen, Wareneinsatz, vorgegebenen Verkaufspreisen oder dem Roh- und Reingewinn werden Entwicklungstendenzen des Betriebs ermittelt und unter Anwendung von Erfahrungssätzen ein Gesamtergebnis berechnet. Bei der Nachkalkulation werden der Umsatz und der Gewinn aus den Kalkulationsdaten des Betriebs nachvollzogen. Das Ergebnis wird dann mit dem erklärten Ergebnis verglichen.[73] Die Problematik des äußeren Betriebsvergleichs, bei dem der Vergleichsbetrieb gleichwertig sein muss, besteht somit nicht.[74] Der innere Betriebsvergleich ist gemäß geltender Rechtsprechung grundsätzlich dazu geeignet, die Vermutung des § 158 AO zu entkräften.[75] Allerdings unterliegt auch der innere Betriebsvergleich hohen Anforderungen, die erfüllt sein müssen, um eine formell ordnungsgemäße Buchführung verwerfen zu können.[76]

Die Nachkalkulation beruht selbst auf Schätzungen und ist daher mit Unsicherheiten verbunden. Geringfügige Abweichungen des Ergebnisses der Buchführung vom Ergebnis der Nachkalkulation gelten als Schätzungsunschärfen, die nicht zur Verwerfung einer formell ordnungsgemäßen Buchführung führen können. Eine Nachkalkulation ist aufgrund der Besonderheit eines Betriebs nicht immer durchführbar. Insbe-

---

[70] Vgl. *Streck*, Außenprüfung, 1993, Rz. 216; *Seer* in Tipke/Kruse AO/FGO, Kommentar, § 158 AO Rz. 18 u. § 162 AO Rz. 55 f.

[71] Vgl. *Seer* in Tipke/Kruse AO/FGO, Kommentar, § 162 AO Rz. 56; *Apitz*, Schätzungen, DStR 1985, S. 304.

[72] Vgl. BFH v. 24.11.1993, X R 12/89, BFH/NV 1994, S. 767 f.; BFH v. 26.10.1994, X R 114/92, BFH/NV 1995, S. 375.

[73] Vgl. *Seer* in Tipke/Kruse AO/FGO, Kommentar, § 158 AO Rz. 20 u. § 162 AO Rz. 58 f.; *Carlé*, Abwehr, KÖSDI 2005, S. 14719; *Pahlke/Koenig/ Cöster*, AO, Kommentar, § 162 Rz. 105.

[74] Vgl. *Seer* in Tipke/Kruse AO/FGO, Kommentar, § 158 AO Rz. 20.

[75] Vgl. z.B. BFH v. 17.11.1981, VIII R 174/77, BStBl. II 1982, S. 435; BFH v. 25.06.1970, IV 17/65, BStBl. II S. 838 f.; BFH v. 31.07.1974, I R 216/72, BStBl II 1975, S. 98 f.; BFH v. 22.08.1985, IV R 29-30/84; BFH/NV 1986, S. 719 f.; BFH v. 08.09.1994, IV R 6/93, BFH/NV 1995, S. 575.

[76] Vgl. *Seer* in Tipke/Kruse AO/FGO, Kommentar, § 158 AO Rz. 20.

sondere wenn ein Betrieb viele unterschiedliche Warengruppen im Sortiment hat, sehr unterschiedliche Dienstleistungen erbringt oder mit verschiedensten Aufschlagsätzen arbeitet, führt die Nachkalkulation zu großen Unschärfen.[77]

c) Vermögenszuwachs- und Geldverkehrsrechnung:

Die Verprobungs- und Schätzmethoden der Geldverkehrsrechnung und der Vermögenszuwachsrechnung gelten als die Methoden mit der höchsten Beweiskraft zur Widerlegung der Annahme der sachlichen Richtigkeit der Buchführung nach § 158 AO.[78] Die Methoden werden auch zusammenfassend als Einnahmen-Ausgaben-Deckungsrechnungen bezeichnet.[79]

Die Geldverkehrsrechnung ist eine auf den Geldbereich beschränkte Vermögenszuwachsrechnung. Ihr liegt der Gedanke zugrunde, dass ein Steuerpflichtiger innerhalb zweier Stichtage nicht mehr Geld ausgeben oder anlegen kann als ihm durch steuerpflichtige Einkünfte oder sonstige, ihm zur Verfügung stehende Quellen, zufließt.[80] Wenn sich bei Begutachtung der Einnahme- und Ausgabevorgänge des Steuerpflichtigen ein nicht aufzuklärender Überschuss an verbrauchten Geldern ergibt, ist die Annahme gerechtfertigt, dass die Mittel aus unversteuerten Einkünften stammen.[81] Zu unterscheiden ist zwischen Gesamt- und Teilrechnungen. Bei Gesamtrechnungen werden sowohl die private als auch die betriebliche Sphäre erfasst, während bei Teilrechnungen entweder nur die betriebliche oder nur die private Sphäre betrachtet wird.[82] Die Geldverkehrsrechnung wird wegen der Betrachtung von Teilbereichen des Vermögens des Steuerpflichtigen in der Literatur teilweise kritisch beurteilt. Hier wird die Meinung vertreten, dass sich Besonderheiten aus nicht erfassten Bereichen

---

[77] Vgl. *Seer* in Tipke/Kruse AO/FGO, Kommentar, § 162 AO Rz. 59; *Meyer*, Abwehrstrategien, DStR 2005, S. 2115.

[78] Vgl. z.B. BFH v. 03.08.1966, IV R 75/66, BStBl III S. 650 f.; BFH v. 08.11.1989, X R 178/87, BStBl II 1990, S. 270 ff.; BFH v. 28.5.1986, I R 265/83, BStBl. 1986 II, S. 732 ff.; BFH v. 07.11.1990, III B 449/90, BFH/NV 1991, S. 724 ff.; BFH v. 08.09.1994, IV R 6/93, BFH/NV 1995, S. 575 f.; BFH v. 02.07.1999, V B 83/99, BFH/NV 1999, S. 1450 f.

[79] Vgl. *Seer* in Tipke/Kruse AO/FGO, Kommentar, § 158 AO Rz. 22; *Pahlke/Koenig/ Cöster*, AO, Kommentar, § 162 Rz. 109 ff.; *Meyer*, Abwehrstrategien, DStR 2005, S. 2116 f.; *Assmann*, Geldverkehrsrechnung, StBp 1989, S. 252 ff.

[80] Vgl. *Seer* in Tipke/Kruse AO/FGO, Kommentar, § 158 AO Rz. 22 u. § 162 AO Rz. 62; *Pahlke/Koenig/ Cöster*, AO, Kommentar, § 162 Rz. 109 f.

[81] Vgl. z. B. BFH v. 02.03.1982, VIII R 225/80, BStBl. II 1984, S. 506.

[82] Vgl. *Seer* in Tipke/Kruse AO/FGO, Kommentar, § 158 AO Rz. 22 u. § 162 AO Rz. 62; *Carlé*, Verprobungsmethoden, AO-StB 2006, S. 125.

auf den betrachteten Bereich auswirken können und eine Geldverkehrsrechnung deshalb leicht angreifbar ist.[83]

Bei der Vermögenszuwachsrechnung wird im Unterschied zur Geldverkehrsrechnung auch der Bestand des Vermögens erfasst. Die Vermögenszuwachsrechnung basiert auf der Überlegung, dass ein eventueller Vermögenszuwachs nur aus versteuertem Einkommen, steuerfreien Einnahmen oder sonstigen Vermögensänderungen wie etwa eventuellen Erbschaften oder Schenkungen resultieren kann.[84] Ergeben sich bei der Berechnung Differenzen, gilt dies nach der Rechtsprechung als Indiz für nicht vollständig erfasste Einnahmen.[85] Da die Vermögenszuwachsrechnung insgesamt ein vollständigeres Bild als die Geldverkehrsrechnung bietet, wird ihr ein größerer Beweiswert zugestanden.[86]

Das Finanzamt muss dem Steuerpflichtigen einen ungeklärten Vermögenszuwachs oder Ausgabenüberschuss nachweisen.[87] Der Beweiswert der Geldverkehrs- und Vermögenszuwachsrechnungen ist an strenge Anforderungen an die Ordnungsmäßigkeit der Berechnungen gebunden. Der Vergleichszeitraum muss überschaubar sein, die Anfangs- und Endbestände müssen berücksichtigt werden und Verhältnisse außerhalb des Vergleichszeitraums sind nicht zu berücksichtigen. Außerdem müssen die Rechnungen vollständig sein. Dieser Arbeitsaufwand ist in der Regel nur gerechtfertigt, wenn festgestellte Unstimmigkeiten gerichtsfest bewiesen werden sollen.[88] Als größte Schwäche der Methoden gilt die Tatsache, dass der Steuerpflichtige keinen geschlossenen Nachweis über sein Privatvermögen führen muss.[89] Die Durchführung der Berechnungen ist somit teilweise mit großem Ermittlungsaufwand verbunden und je nach Datenlage anfechtbar.[90] Wenn der Steuerpflichtige bei der Erstel-

[83] Vgl. *Bornheim*, Verteidigungsstrategien, AO-StB 2003, S. 52. *Carlé*, Verprobungsmethoden, AO-StB 2006, S. 125.

[84] Vgl. *Seer* in Tipke/Kruse AO/FGO, Kommentar, § 162 AO Rz. 64; *Pahlke/Koenig/ Cöster*, AO, Kommentar, § 162 Rz. 111; *Mittelbach*, Vermögenszuwachsrechnung, StBp 1982, S. 59 f.

[85] Vgl. BFH v. 20.10.1966, VI R 142, 311/63, BStBl. III 1967, S. 201.

[86] Vgl. *Carlé*, Verprobungsmethoden, AO-StB 2006, S. 126.

[87] Vgl. *Seer* in Tipke/Kruse AO/FGO, Kommentar, § 158 AO Rz. 22; *Pahlke/Koenig/ Cöster*, AO, Kommentar, § 162 Rz. 109.

[88] Vgl. *Seer* in Tipke/Kruse AO/FGO, Kommentar, § 162 AO Rz. 65; *Pahlke/Koenig/ Cöster*, AO, Kommentar, § 162 Rz. 110; *Gombert*, Schätzung, 2001, S. 153 f.

[89] Vgl. BFH v. 07.06.2000, III R 82/97, BFH/NV 2000, S. 1464.

[90] Vgl. *Carlé*, Abwehr, KÖSDI 2005, S. 14721 ff.; *Meyer*, Abwehrstrategien, DStR 2005, S. 2116 ff.; *Bornheim*, Verteidigungsstrategien, AO-StB 2003, S. 52 ff.

lung der Geldverkehrs- und Vermögensrechnung nicht mitwirkt, wird dies zu seinen Lasten ausgelegt.[91]

d) Vorjahresvergleich:

Der Vorjahresvergleich gilt als recht grobe Schätzmethode, welche die Bemessungsgrundlage auf Grundlage der Angaben des Steuerpflichtigen aus vorangegangenen Veranlagungszeiträumen ermittelt. Veränderte Verhältnisse werden gegebenenfalls durch Unsicherheitszu- bzw. -abschläge berücksichtigt. In der Regel wird der Vorjahresvergleich nur angewendet, wenn der Steuerpflichtige keine Steuererklärung abgegeben hat.[92]

2.6 Zwischenfazit

Der vorstehende Überblick über die relevantesten Verprobungs- und Schätzmethoden verdeutlicht ein Kernproblem der Betriebsprüfung: Für jede Person und jeden Betrieb muss ein geeigneter, individueller Maßstab gefunden werden, anhand dessen beurteilt und verprobt wird. Die korrekte Anwendung der Verfahren ist häufig mit nicht unerheblichen Unsicherheitsfaktoren verbunden. So ist die zutreffende Auswahl der für die Genauigkeit einer Methode entscheidenden Bezugsgrößen problematisch. Auch die Abschätzung von Parametern, die für die Verprobung notwendig sind, gilt als schwierig. Verprobungen und Schätzungen mit traditionellen Verfahren sind zudem häufig mit großem Ermittlungsaufwand verbunden.[93] Im Zeitalter moderner EDV und der damit verbundenen Manipulationsmöglichkeiten der Steuerpflichtigen benötigt die Finanzverwaltung neue oder verbesserte elektronische Prüf- und Schätzverfahren, um digitale und manuelle Manipulationen aufdecken zu können. Ziel muss eine seriöse Prüfbarkeit in angemessener Zeit sein. Die bisher dargestellten traditionellen Verfahren sind teilweise nicht mehr zeitgemäß, um das volle Ausmaß einer Manipulation aufzudecken und zu bereinigen.[94]

---

[91] Vgl. BFH v. 24.11.1988, IV R 150/86, BFH/NV 1989, S. 417 f.; BFH v. 25.07.1991, XI R 27/89, BFH/NV 1991, S. 797; BFH v. 04.12.2001, III B 76/01, BFH/NV 2002, S. 476; *Kottke*, Vermögenszuwächse, BB 1999, S. 1741 f.; *Assmann*, Rechte, DB 1989, S. 852 f.

[92] Vgl. *Seer* in Tipke/Kruse AO/FGO, Kommentar, § 162 AO Rz. 54; *Pahlke/Koenig/ Cöster*, AO, Kommentar, § 162 Rz. 104.

[93] Vgl. *Ernst*, Methoden, 1986, S. 56 ff.; *Bornheim*, Steuerstrafverteidigung, 2010, S. 284 f.; *Huber*, Theorie, ÖStZ 2002, S. 599 f.; *Bornheim*, Verteidigungsstrategien, AO-StB 2003, S. 52 ff.

[94] Vgl. *Wähnert*, Einsatzmöglichkeiten, BBK 2009, S. 738 f.; *Wähnert*, Fragen, StBp 2010, S. 56 f.; *Huber*, Methoden, StBp 2002, S. 199 ff.; *Wähnert*, Verprobungsnetze, StBp 2011, S. 107.

3 Anwendung statistisch-mathematischer Methoden im Rahmen der steuerlichen Betriebsprüfung

3.1 Vorbetrachtungen

Im Rahmen der digitalen Außenprüfung werden immer häufiger statistisch-mathematische Prüfmethoden zur schnellen und effektiven Aufdeckung digitaler und manueller Manipulation eingesetzt. Mit den Methoden werden betriebswirtschaftliche Untersuchungen und stochastische Manipulationstests durchgeführt.[95] Legitimiert wurde der Einsatz von statistisch-mathematischen Methoden jedenfalls im Strafrecht vom BGH im Urteil vom 14.12.1989.[96] Die in der Praxis am häufigsten eingesetzten Methoden sind der Zeitreihenvergleich, die Verprobung nach Newcomb-Benford Law und der Chi-Quadrat-Test über Endziffern.[97] Der Zeitreihenvergleich dient zur Überprüfung der Schlüssigkeit von betrieblichen Daten und gilt als wichtigstes Analyseverfahren bei den betriebswirtschaftlichen Untersuchungen der Betriebsprüfer. Die stochastischen Manipulationstests gelten als sinnvolle Ergänzung zu den betriebswirtschaftlichen Verprobungen.[98] Im Rahmen der digitalen Ziffernanalyse werden mit dem Chi-Quadrat-Test und dem Newcomb-Benford Law Risikodaten durch den Vergleich ihrer Zahlenstruktur mit makroökonomischen Erfahrungssätzen auf ihre zufällige Entstehung hin überprüft. Mit beiden Methoden können systembedingte Besonderheiten und Auffälligkeiten innerhalb der Risikodaten aufgespürt und isoliert werden.[99] Alle drei statistisch-mathematischen Verfahren gelten als besondere Formen des inneren Betriebsvergleichs[100] und sind in die von der Finanzverwaltung bundeseinheitlich verwendete Prüf- und Analysesoftware IDEA implementiert. Mit Hilfe der Methoden stellt die steuerliche Betriebsprüfung immer häufiger die Ordnungsmäßigkeit der Buchführung infrage.[101]

---

[95] Vgl. *Wähnert*, Einsatzmöglichkeiten, BBK 2009, S. 738 ff.; *Huber/Wähnert*, NiPt, NWB 2009, S. 2814 f.; *Wähnert*, Außenprüfung, Stbg 2007, S. 289 ff.

[96] Vgl. BGH v. 14.12.1989, 4 StR 419/89, BGHSt 36, S. 320 ff.

[97] Vgl. *Odenthal*, Anmerkung, BBK 2010, S. 31; *Kratzsch/Rahe*, Methoden, StB 2010, S. 162; *Huber*, Weiterentwicklung, 2009, S. 3 f.

[98] Vgl. *Wähnert*, Einsatzmöglichkeiten, BBK 2009, S. 743; *Wähnert*, Anwendung, BBK 2008, S. 583.

[99] Vgl. *Wähnert*, Anwendung, BBK 2008, S. 583; *Watrin/Ullmann*, Anwendungsmöglichkeiten, WPg 2009, S. 99 ff.

[100] Vgl. *Seer* in Tipke/Kruse AO/FGO, Kommentar, § 158 AO Rz. 21; *Pahlke/Koenig/ Cöster*, AO, Kommentar, § 162 Rz. 106 f.

[101] Vgl. *Seer*, Steuerberater, DStR 2008, S. 1559; *Weissinger/Groß/Vogl*, Prüfsoftware, BC 2004, S. 253; *Carlé*, Verprobungsmethoden, AO-StB 2006, S. 124.

Nachfolgend werden die aktuellen statistisch-mathematischen Methoden der steuerlichen Betriebsprüfung – der Chi-Quadrat-Test auf Endziffern, die Verprobung nach Newcomb-Benford Law und der Zeitreihenvergleich – einer Analyse unterzogen. Diese zeigt auf, welcher Nutzen sich durch die elektronische Anwendung der statistisch-mathematischen Methoden in der steuerlichen Betriebsprüfung für die Finanzverwaltung ergibt.

3.2 Zeitreihenvergleich

3.2.1 Verfahren

Der Zeitreihenvergleich ist ein seit Jahrzehnten aus der Wirtschaftsprüfung bekanntes Verfahren [102] und gilt als „intensiver innerer Betriebsvergleich mit EDV-Unterstützung in Form einer zeitlichen Reihenzerlegung.“[103] Mit der Methode werden betriebliche Daten über einen bestimmten Zeitraum grafisch oder tabellarisch ausgewertet und analysiert. Der Zeitreihenvergleich ermöglicht Schlüssigkeitsprüfungen von betrieblichen Daten wie Rohgewinn, Rohgewinnaufschlag, Wareneinkauf oder Materialeinsatz über Intervalle von Wochen, Monaten oder Quartalen. Mit der Methode wird nach Korrelationen zwischen den Kennzahlen gesucht. Widersprüche im Verhältnis der Kennzahlen werden vom Betriebsprüfer als Hinweise auf Manipulation gewertet.[104] Das Verfahren wird überwiegend bei Prüfungen im Gastronomiebereich und bargeldintensiven Einzelhandel eingesetzt.[105]

Im Rahmen der von *A. Wähnert* vorgeschlagenen betriebswirtschaftlichen Untersuchungen bei der Durchführung einer steuerlichen Betriebsprüfung haben Zeitreihenvergleiche eine besondere Relevanz. Um das Verfahren zuverlässig durchführen und beurteilen zu können, muss der Prüfer Kenntnis über betriebsspezifische Verhältnisse erlangen. Der Prüfer muss sich über die wirtschaftliche Kompetenz im zu prüfenden Betrieb und die wirtschaftlichen Verhältnisse informieren. So kann die Leistungs-

---

[102] Vgl. *Blenkers/Maier-Siegert*, Zeitreihenvergleich, BC 2005, S. 55; *Högemann*, Schätzung, INF 2000, S. 587.

[103] Vgl. *Huber*, Prüfungstechnik, 2004, S. 103.

[104] Vgl. *Meyer*, Abwehrstrategien, DStR 2005, S. 2116; *Kratzsch/Rahe*, Methoden, StB 2010, S. 195; *Krömker*, Entwicklungen, AO-StB 2004, S. 184.

[105] Vgl. *Högemann*, Schätzung, INF 2000, S. 587; *Meyer*, Abwehrstrategien, DStR 2005, S. 2116; *Wähnert*, Risikofilterung, StBp 2010, S. 2 f.; *Weiskopf/Wähnert*, Großbetriebsprüfung, BBK 2012, S. 127.

politik des Betriebs in die Auswertung der Zeitreihenanalysen und die Wahl der Vergleichsperiode mit einfließen.[106]

Der von *J. Ernst* systematisierte, stufenweise Ablauf des inneren Betriebsvergleiches[107] kann auch auf die Anwendung des Zeitreihenvergleichs in der steuerlichen Betriebsprüfung übertragen werden.[108] Die Zahlen der Buchführung müssen zunächst in einem ersten Schritt aufbereitet werden. Dafür werden das Zahlenmaterial von möglichen Störeinflüssen bereinigt, die relevanten Zahlen aus der Buchführung ermittelt und dann Kennzahlen nach unterschiedlichen Gesichtspunkten gebildet. Im zweiten Schritt werden die Daten mit Zeitvergleichen und Soll-Ist-Vergleichen kritisch betrachtet und ausgewertet. Starke Abweichungen der Zahlen gegenüber dem Vorjahr oder unproportionierte Zuwachsraten geben dem Prüfer Hinweise auf mögliche Manipulationen und Fehlerquellen. Im dritten und letzten Schritt wird nach Ursachen für die Ergebnisse geforscht. Hierbei muss insbesondere auf die wirtschaftlichen Besonderheiten des geprüften Betriebs eingegangen werden.[109]

Der Vorteil von Zeitreihenvergleichen ist die hohe Variabilität der Prüfungsmethode. So kann die Auswahl der Vergleichsgrößen, die Wahl der Periode und die Art der Darstellung für jeden Betrieb individuell ausgewählt werden.[110] Zu unterscheiden sind unterschiedliche Darstellungsformen. Mit dem grafischen Zeitreihenvergleich[111] können einfache Zusammenhänge von Werten in Diagrammen visualisiert werden. Der logarithmische Zeitreihenvergleich[112] ermöglicht eine Überprüfung von Zusammenhängen, wenn diese durch Verzerrungen grafisch oder tabellarisch nicht mehr darstellbar sind. Durch Logarithmieren der im Zusammenhang stehenden Werte werden mögliche Verzerrungen entfernt und die Werte sind wieder miteinander vergleichbar.[113] Der Zeitreihenvergleich tritt mit der Auswahlmöglichkeit der Zeitspanne einer entscheidenden Schwäche der Nachkalkulation und des Richtsatzvergleichs entgegen, die in der Regel auf leichter manipulierbaren Jahreszahlen beruhen.[114] Zu-

---

[106] Vgl. *Wähnert*, Einsatzmöglichkeiten, BBK 2009, S. 740; *Wähnert*, Anwendung, BBK 2008, S. 583.
[107] Vgl. *Ernst*, Methoden, 1986, S. 50.
[108] Vgl. *Huber*, Prüfungstechnik, 2004, S. 104.
[109] Vgl. *Ernst*, Methoden, 1986, S. 50 ff.; *Huber*, Prüfungstechnik, 2004, S. 104.
[110] Vgl. *Wähnert*, Anwendung, BBK 2008, S. 583; *Kratzsch/Rahe*, Methoden, StB 2010, S. 196.
[111] Vgl. Anhang 1: Beispiel für grafischen Zeitreihenvergleich, S. 71.
[112] Vgl. Anhang 2: Beispiel für logarithmischen Zeitreihenvergleich, S. 72.
[113] Vgl. *Huber*, Prüfungstechnik, 2004, S. 108 ff.; *Kratzsch/Rahe*, Methoden, StB 2010, S. 196 ff.
[114] Vgl. *Wiggen*, StBp 2008, Beweiskraft, S. 167; *Wähnert*, Einsatzmöglichkeiten, BBK 2009, S. 740 f.

dem nutzt das Verfahren ausschließlich interne Daten aus der Buchführung, was ebenfalls als vorteilhaft angesehen wird.[115]

Der Verprobung des Rohgewinnaufschlags mit Hilfe von Zeitreihenvergleichen kommt nach *A. Wähnert* in der Praxis eine besondere Rolle zu. Jahreswerte der Aufschläge können leicht manipuliert werden; mit vereinfachten Zeitreihenanalysen ist die Schlüssigkeit der Daten und deren Glaubwürdigkeit schnell und gut erkennbar. Der Prüfer erhält mit dem Zeitreihenvergleich eine erste Übersicht und kann auf dieser Basis entscheiden, wie sehr die Prüfung im weiteren Verlauf vertieft werden muss. Im Rahmen der Prüfungsvertiefung hat sich in der Praxis die Untersuchung von Leistungsdaten (z.B. Wareneinkauf und -verkauf) anhand unterschiedlicher Vergleichsperioden auf ihre Korrelation hin als besonders effizient erwiesen. Mögliche Vergleichsperioden sind Quartale, Monate, aber auch 60-Tagesintervalle als Trendanalyse. Außerdem liefert die Untersuchung von Erlösdaten auf die Entwicklung der Monats- oder Wochendurchschnittswerte über Jahre hinweg gute Prüfungsergebnisse. Als weitere wichtige betriebswirtschaftliche Kenngrößen, die mit Zeitreihenvergleichen überprüft werden können, gelten die Veränderung der Produktivität variabler Kostenfaktoren und die Leistungs- und Umsatzrentabilität.[116]

Der Zeitreihenvergleich eignet sich ebenfalls für Schätzungen bei festgestellten Mängeln in der Buchführung. Betriebliche Besonderheiten werden durch den Zeitreihenvergleich aufgedeckt und aus den erhaltenen Informationen lässt sich ein unternehmensspezifischer, repräsentativer Aufschlagsatz ermitteln. Ein exaktes Rechenergebnis kann jedoch nicht erreicht werden. Vielmehr wird eine Schwankungsbreite von Perioden-Rohgewinnaufschlagsätzen berechnet.[117]

3.2.2 Rechtsprechung

In den letzten Jahren hat der Zeitreihenvergleich Eingang in die finanzgerichtliche Rechtsprechung gefunden. Diese wurde vom BFH allerdings noch nicht überprüft.[118] Das FG Düsseldorf hat einen Zeitreihenvergleich für die Begründung seiner Ent-

---

[115] Vgl. *Högemann*, Schätzung, INF 2000, S. 587.

[116] Vgl. *Wähnert*, Einsatzmöglichkeiten, BBK 2009, S. 740 ff.; *Wähnert*, Verprobungsnetze, StBp 2011, S. 108 f.; *Wähnert*, Verprobungsansätze, NWB 2010, S. 2961 f.; *Wähnert*, Risikofilterung, StBp 2010, S. 2 ff.

[117] Vgl. *Wähnert*, Einsatzmöglichkeiten, BBK 2009, S. 741 f.; *Wiggen*, StBp 2008, Beweiskraft, S. 168 f.

[118] Vgl. *Wiggen*, StBp 2008, Beweiskraft, S. 168.

scheidung vom 15.02.2007 hinzugezogen. Nach Ansicht des Gerichts lässt der Zeitreihenvergleich im Entscheidungsfall kaum Raum für Zweifel, dass Erlöse und Wareneinsatz unzutreffend verbucht wurden.[119] Am 20.03.2008 hat das FG Düsseldorf entschieden, dass drastische Schwankungen der Rohgewinnaufschlagsätze bei der Verprobung eines Gastronomiebetriebs im Rahmen eines Zeitreihenvergleichs auf sachliche Buchführungsmängel schließen lassen.[120] Das FG Münster urteilt, dass Schätzungen unter Einsatz eines Zeitreihenvergleichs grundsätzlich möglich sind.[121] Somit erkennen zwei Finanzgerichte den Zeitreihenvergleich als besondere Form des inneren Betriebsvergleichs an, um eine Kalkulation von Gastronomiebetrieben zu überprüfen. Allerdings wurde die Vermutung des § 158 AO in den entschiedenen Fällen aufgrund von, mit Hilfe von weiteren Verprobungsmethoden festgestellten, nicht unerheblichen Mängeln entkräftet.[122] Das FG Köln hat dagegen am 27.01.2009 entschieden, dass ein Zeitreihenvergleich allein nicht geeignet ist, die Beweiskraft einer formell ordnungsgemäßen Buchführung zu verwerfen.[123]

3.2.3 Bedeutung und Beweiswert

Aufgrund der unklaren Rechtslage wird die Bedeutung des Zeitreihenvergleichs in der Literatur kontrovers diskutiert. *E. Huber* und *A. Wähnert* erklären das Urteil des FG Köln[124] mit Anwendungsfehlern des Betriebsprüfers bei der Durchführung des Zeitreihenvergleichs. Beide empfehlen eine wesentlich gründlichere betriebswirtschaftliche Unternehmensanalyse und unterschiedliche Vergleichsdaten bei Anwendung des Zeitreihenvergleichs. Nach ihrer Auffassung kann der Zeitreihenvergleich sowohl zu Verprobungs- als auch zu Schätzzwecken von der steuerlichen Betriebsprüfung eingesetzt werden.[125] Ihre Ansicht, dass der Zeitreihenvergleich die Vermutung des § 158 AO entkräften und somit als Beleg oder zumindest Indiz für Manipulation gewertet werden kann, wird in der Literatur zahlreich unterstützt.[126] Andererseits wird auch die Meinung vertreten, dass der Zeitreihenvergleich nur unterstützend

[119] Vgl. FG Düsseldorf v. 15.02.2007, 16 V 4691/06, EFG 2007, S. 815.
[120] Vgl. FG Düsseldorf v. 20.03.2008, 16 K 4689/06, EFG 2008, S. 1258.
[121] Vgl. FG Münster v. 11.02.2000, 9 V 5542/99, DStRe 2000, S. 549 f.; FG Münster v. 19.08.2004, 8 V 3055/04, EFG 2004, S. 1811 f.
[122] Vgl. *Buse*, Entscheidungen, StBp 2009, S. 141.
[123] Vgl. FG Köln v. 27.01.2009, 6 K 3954/07, EFG 2009, S. 1094 f.
[124] Vgl. FG Köln v. 27.01.2009, 6 K 3954/07, EFG 2009, S. 1092 ff.
[125] Vgl. *Huber/Wähnert*, NiPt, NWB 2009, S. 2817 f.; *Huber/Wähnert*, Zeitreihenurteil, StBp 2009, S. 207; *Huber*, Prüfungstechnik, 2004, S. 106 ff.; *Wähnert*, Einsatzmöglichkeiten, BBK 2009, S. 740 ff.
[126] Vgl. *Pfützenreuter*, Zeitreihenvergleich, EFG 2007, S. 816; *Burkhard*, Außenprüfung, StBp 2006, S. 62; *Wiggen*, StBp 2008, Beweiskraft, S. 168 ff.

für Schätzzwecke genutzt werden darf.[127] Wieder andere Autoren sind der Auffassung, dass der Zeitreihenvergleich bedingt dazu geeignet ist, eine formell ordnungsgemäße Buchführung zu erschüttern[128] bzw. dass der Steuerpflichtige auch bei einer ordnungsgemäßen Buchführung einen Zeitreihenvergleich der Finanzbehörde bei Hinweisen auf Manipulation widerlegen muss.[129] Hervorzuheben ist der Kommentar von *R. Braun* zum Urteil des FG Köln. Er bewertet den Zeitreihenvergleich als grundsätzlich hinreichendes Mittel der Schätzung, wenn die Buchführung formell nicht ordnungsgemäß ist. Nur im „Einzelfall"[130] kann der Zeitreihenvergleich seiner Ansicht nach die materielle Unrichtigkeit der Buchführung beweisen.[131] Letztlich entscheidend für die zukünftige Bedeutung des Zeitreihenvergleichs werden weitere Urteile der Finanzgerichte und insbesondere des BFH über den Beweiswert des Verfahrens sein.

Festzuhalten bleibt, dass der Zeitreihenvergleich dem Prüfer einen guten Überblick über die Schlüssigkeit der Unterlagen der Buchführung und betriebsspezifische Verhältnisse – insbesondere von Gastronomiebetrieben – geben kann. Seine Grenzen findet der Zeitreihenvergleich bei Betrieben mit erheblichen saisonalen Schwankungen. Nach Möglichkeit sollte der wirtschaftliche Umsatz des geprüften Betriebs über das Wirtschaftsjahr konstant sein. Der Zeitreihenvergleich eignet sich besonders bei der Prüfung von Betrieben, bei denen der Wareneinkauf auf einen baldigen Warenweiterverkauf ausgelegt ist. Große Lagerkapazitäten können zu Unschärfen führen. Bei gleichmäßiger Verkürzung der miteinander verglichenen Kennzahlen kann mit dem Zeitreihenvergleich keine Manipulation aufgedeckt werden.[132]

Teilweise können auch besteuerungsrelevante Massendaten von Großbetrieben und Konzernen mit Hilfe der Methode verprobt werden. Wie relevant der Zeitreihenvergleich in diesem Prüfungsfeld in Zukunft sein wird, bleibt abzuwarten.[133]

---

[127] Vgl. *Krömker*, Entwicklungen, AO-StB 2004, S. 185; *van Meegen*, Methoden, Stbg 2003, S. 491.
[128] Vgl. *Carlé*, Abwehr, KÖSDI 2005, S. 14720; *Meyer*, Abwehrstrategien, DStR 2005, S. 2116.
[129] Vgl. *Högemann*, Schätzung, INF 2000, S. 589.
[130] Vgl. *Braun*, Anmerkung, EFG 2009, S. 1096.
[131] Vgl. *Braun*, Anmerkung, EFG 2009, S. 1096.
[132] Vgl. *Wähnert*, Einsatzmöglichkeiten, BBK 2009, S. 740 f.; *Wiggen*, StBp 2008, Beweiskraft, S. 169 f.; *Kratzsch/Rahe*, Methoden, StB 2010, S. 198; *Buse*, Entscheidungen, StBp 2009, S. 141; *Buse*, Anmerkung, AO StB 2009, S. 265 f.
[133] Vgl. *Weiskopf/Wähnert*, Großbetriebsprüfung, BBK 2012, S. 128 ff.

3.3 Chi-Quadrat-Test

3.3.1 Hintergründe

Die Chi-Quadrat-Verteilung wurde vom Astronomen *F. R. Helmert* im Jahr 1875 eingeführt. Im Jahr 1900 hat der Statistiker *K. Pearson* die Verteilung wiederentdeckt und der Chi-Quadrat-Anpassungstest[134] entwickelt.[135] Zu unterscheiden ist der Chi-Quadrat-Anpassungstest insbesondere vom Chi-Quadrat-Unabhängigkeitstest und weiteren Testverfahren, die einer Chi-Quadrat-Verteilung folgen.[136] Der in der steuerlichen Betriebsprüfung verwendete Chi-Quadrat-Test ist ein statistischer Anpassungstest, der zur Verprobung der Angaben von Steuerpflichtigen genutzt wird. Das Verfahren untersucht, ob sich die beobachteten Häufigkeiten einer Merkmalsausprägung in einer Stichprobe maßgeblich von den theoretisch erwarteten Häufigkeiten dieser Merkmalsausprägung unterscheiden.[137]

Ein Teil der Literatur und die Rechtsprechung stellen den Begriff Chi-Quadrat-Test gleich mit dem Test auf Gleichverteilung der hinteren Stellen. Vorab sei darauf hingewiesen, dass der Chi-Quadrat-Test lediglich das Verfahren ist, um verschiedene Stichproben auf theoretische erwartete Ziffernhäufigkeiten zu untersuchen. Der Chi-Quadrat-Test prüft letztlich nur die Übereinstimmung von empirischen und beliebigen theoretischen Verteilungen, wie zum Beispiel der Benford-Verteilung.[138]

3.3.2 Darstellung des Verfahrens

Um den Chi-Quadrat-Test durchführen zu können, müssen die Werte unabhängig voneinander sein. Es sollten sich keine regelmäßig wiederkehrenden Elemente im auszuwertenden Datenbestand befinden. Ausgeschlossen sind Identifikationsnummern, wie Steuer- oder Rechnungsnummern.[139] Insbesondere Umsätze und Tageseinnahmen lassen sich mit der Methode verproben. Nach Möglichkeit sollten ein

[134] Synonym verwendete Begriffe: „Goodness of fit"-Test, Verteilungstest, „Pearson's Chi-Quadrat" etc. Aus Vereinfachungsgründen in dieser Ausarbeitung: Chi-Quadrat-Test = Chi-Quadrat-Anpassungstest.

[135] Vgl. *Bleymüller/Gehlert/Gülicher*, Statistik, 2008, S. 62; *Wähnert/Kuballa*, Datenanalyse, BBK 2006, S. 901.

[136] Vgl. *Watrin/Ullmann*, Anwendungsmöglichkeiten, WPg 2009, S. 101.

[137] Vgl. *Watrin/Ullmann*, Anwendungsmöglichkeiten, WPg 2009, S. 101; *Wähnert/Kuballa*, Datenanalyse, BBK 2006, S. 901 f.

[138] Vgl. *Watrin/Ullmann*, Anwendungsmöglichkeiten, WPg 2009, S. 105; *Watrin/Struffert*, Chancen, DB 2006, S. 1748 ff.; *Wähnert*, Wahrscheinlichkeitstests, StBp 2007, S. 66 f.; *Blenkers*, Chi-Test, StBp 2003, S. 262 ff.

[139] Vgl. *Greenwood/Nikulin*, Guide, 1996, S. 16; *Watrin/Ullmann*, Anwendungsmöglichkeiten, WPg 2009, S. 101; *Siegel*, Methoden, 2001, S. 43; *Kratzsch/Rahe*, Methoden, StB 2010, S. 166.

umfangreiches Sortiment und variable Artikelpreise beim zu prüfenden Betrieb vorliegen.[140]

Dem Chi-Quadrat-Test liegt die sogenannte Nullhypothese zugrunde, dass die beobachtete Stichprobe einer bestimmten theoretischen Verteilung folgt. Die Gegenbehauptung lautet, dass die Menge nicht dieser theoretischen Verteilung folgt.[141]

Die Prüfgröße des Chi-Quadrat-Tests wird mit folgender Formel (1)[142] berechnet:

$$(1) \qquad \chi^2 = \sum_{i=1}^{v} \frac{(B_i - E_i)^2}{E_i}$$

mit: χ^2 = Prüfgröße; B_i = beobachtete absolute Häufigkeit; E_i = theoretisch erwartete absolute Häufigkeit; v = Anzahl der Merkmalsklassen; i = Laufparameter für Merkmalsklassen.

Aus der Formel (1) lässt sich erkennen, dass die Prüfgröße umso größer wird, je größer die Differenzen zwischen theoretisch erwarteten und absoluten Häufigkeiten sind. Sind die theoretisch erwarteten und die absoluten Häufigkeiten genau gleich, ist die Prüfgröße $\chi^2 = 0$.

Die Verteilungsfunktion der Prüfgröße χ^2 entspricht im Fall des Chi-Quadrat-Tests einer Verteilung mit (v-1) Freiheitsgraden, wobei v = Anzahl der Merkmalsklassen ist. Werden zum Beispiel die Ziffern „0“ bis „9“ einer bestimmten Position der Ziffern innerhalb einer Zahl untersucht, entspricht v = 10. Mit dem Chi-Quadrattest wird überprüft, ob ein oberer kritischer Wert ${\chi_{(\alpha;\, v-1)}}^{2*}$ von der Prüfgröße χ^2 überschritten wird.[143] Der kritische Wert lässt sich je nach Irrtumswahrscheinlichkeit α[144] und Anzahl der Freiheitsgrade (v-1) aus Tabellen der Chi-Quadrat-Verteilung entnehmen.[145]

Gilt die Formel (2),

$$(2) \qquad \chi^2 > {\chi_{(\alpha;\, v-1)}}^{2*}$$

---

[140] Vgl. *Huber*, Weiterentwicklung, 2009, S. 88 ff.

[141] Vgl. *Watrin/Struffert*, Chancen, DB 2006, S. 1748; *Bleymüller/Gehlert/Gülicher*, Statistik, 2008, S. 127; *Kratzsch/Rahe*, Methoden, StB 2010, S. 166.

[142] Vgl. *Bleymüller/Gehlert/Gülicher*, Statistik, 2008, S. 127.

[143] Vgl. *Watrin/Ullmann*, Anwendungsmöglichkeiten, WPg 2009, S. 102; *Kratzsch/Rahe*, Methoden, StB 2010, S. 167.

[144] Alternativ: α-Fehler; Fehler 1. Art, Signifikanzniveau.

[145] Vgl. bspw. *Büning/Trenkler*, Methoden, 1994, S. 373.

kann davon ausgegangen werden, dass mit der zugrunde gelegten Irrtumswahrscheinlichkeit α die untersuchten Daten nicht der theoretisch erwarteten Verteilung folgen.[146] Die Irrtumswahrscheinlichkeit α bezeichnet die Wahrscheinlichkeit, mit der die Nullhypothese abgelehnt wird. Grundsätzlich sind Werte von $\alpha = 0{,}05$ oder 0,01 üblich und unkritisch.[147]

Der Ablauf des Chi-Quadrat-Tests lässt sich wie folgt darstellen: Zunächst müssen die Daten der Buchführung ausgewählt, extrahiert und aufbereitet werden. Dann folgen die Ermittlungen der Ist-Ziffernhäufigkeit und der Soll-Ziffernhäufigkeit. Beide Häufigkeiten müssen miteinander verglichen und anschließend die Ergebnisse ausgewertet werden. Bei der Durchführung sind Freiheitsgrad, Signifikanzniveau, kritischer Chi-Quadrat-Wert, sowie eine Beschreibung der homogenen zufallsabhängigen Datenmenge und der bei der Auswertung gegebenenfalls ausgeklammerten Daten mit Begründung zu dokumentieren.[148]

3.3.3 Chi-Quadrat-Test über die Endziffern

3.3.3.1 Annahmen, Ablauf und Anforderungen an die Stichprobe

Der Chi-Quadrat-Test über die Endziffern gilt als eine Art „Nebenprodukt“[149] des Newcomb-Benford Law hinsichtlich der Begründung der Gleichverteilung der letzten Ziffern[150] in Beträgen.[151] Ab der vierten Stelle einer Zahl ist auch nach Newcomb-Benford Law und anderer empirischer Beobachtungen annähernd von einer Gleichverteilung der Ziffern auszugehen.[152] Der Einsatz dieses Manipulationstests beruht auf der Erkenntnis, dass jeder Mensch unbewusst für bestimmte Zahlen Sympathien oder Antipathien hat. Bei Manipulation treten die Lieblingszahlen von Unternehmern deutlich häufiger auf, als die Zahlen gegen die eine Abneigung besteht.[153]

---

[146] Vgl. *Watrin/Ullmann*, Anwendungsmöglichkeiten, WPg 2009, S. 102.
[147] Vgl. *Watrin/Struffert*, Chancen, DB 2006, S. 1748.
[148] Vgl. *Gebbers*, Rechtsprechung, StBp 2008, S. 296; *Wähnert/Kuballa*, Datenanalyse, BBK 2006, S. 903 ff.; *Blenkers*, Chi-Test, StBp 2003, S. 262 ff.; *Hüfken/Drüen*, Kontrolle, PStR 2004, S. 44 ff.
[149] *Huber/Huber*, Ziffernanalyse, StBp 2009, S. 124.
[150] Vgl. Anhang 3: Gleichverteilung von Ziffern, S. 73.
[151] Vgl. Anhang 4: Benford-Verteilung, S. 74.
[152] Vgl. *Newcomb*, Frequency, American Journal of Mathematics 1881, S. 40; *Huber*, Weiterentwicklung, 2009, S. 7 f. u. 88; *Watrin*, Methoden, 2007, S. 1190; *Schneider*, Unternehmensdaten, DStR 2004, S. 1270.
[153] Vgl. *Blenkers*, Chi-Test, StBp 2003, S. 262; *Hüfken/Drüen*, Kontrolle, PStR 2004, S. 44 ff.

Der Ablauf des Chi-Quadrat-Tests über die Endziffer gestaltet sich entsprechend der Annahme der Gleichverteilung einfach.. Die Soll-Ziffernhäufigkeit beträgt für jede Ziffer 10 % und wird mit der Ist-Ziffernhäufigkeit verglichen.

Die angemessene Stichprobengröße für die Verprobung der Endziffern ist umstritten. Zu große und zu kleine Stichproben können zu fehlerhaften Interpretationen führen.[154] Theoretisch sollten mindestens fünf Beobachtungen pro Ziffer erwartet werden können, was bei Überprüfung der Gleichverteilung einem Stichprobenumfang von 50 Werten entspricht.[155] Als maximale Stichprobengröße werden in der Literatur 10.000 Elemente genannt.[156] Bei dieser Stichprobengröße können normalerweise nur noch betriebliche Besonderheiten die Ziffernstruktur beeinflussen und die Aussagekraft der Analyse ist gering. *E. Huber* wählt in seinen Praxisbeispielen Datensätze mit einer Elementanzahl, die zwischen diesen Werten liegt.[157] Beträge von unter 100 Euro müssen bei der Überprüfung auf Gleichverteilung von der Analyse ausgeschlossen werden.[158] Welche Ziffern mit dem Chi-Quadrat-Test überprüft werden sollen, muss für jeden Betrieb einzeln entschieden werden. Die Verprobung der letzten Cent-Stelle mit Chi-Quadrat-Test dürfte in vielen Fällen wertlos sein, weil die Beträge in der Praxis oft auf- oder abgerundet werden. Auch die Verprobung der Zehn-Cent-Stelle liefert, aufgrund des sogenannten „Schuhproblems“[159] oder des „Paketproblems“[160] ebenfalls häufig kein brauchbares Ergebnis. Das „Schuhproblem“ tritt auf, wenn bei allen Preisen beide Cent-Stellen „9“ lauten, während das „Paketproblem“ bei besonderer Attraktivität einer Kombination oder fehlenden Zahlenkombinationsmöglichkeiten aufgrund der Produktpreise auftritt.[161] *E. Huber* sieht die Verprobung der Ein-Euro-Stelle für die steuerliche Betriebsprüfung als essentiell an. Die Zehn-Euro-Stelle kann seines Erachtens nicht mehr ohne Weiteres als Indikator verwendet werden.[162] Bei der Auswahl der Ziffern für die Durchführung des End-

---

[154] Vgl. *Sachs/Hedderich*, Statistik, 2006, S. 316 ff.; *Huber*, Weiterentwicklung, 2009, S. 57 ff.

[155] Vgl. *Bleymüller/Gehlert/Gülicher*, Statistik, 2008, S. 127; *Wähnert/Kuballa*, Datenanalyse, BBK 2006, S. 903; *Watrin/Ullmann*, Anwendungsmöglichkeiten, WPg 2009, S. 105.

[156] Vgl. *Sachs/Hedderich*, Statistik, 2006, S. 316 ff.; *Nigrini*, Analysis, 2000, S. 75 ff.

[157] Vgl. *Huber*, Weiterentwicklung, 2009, S. 88 ff.

[158] Vgl. *Wähnert*, Untersuchung, BBK 2007, S. 996.

[159] *Huber*, Weiterentwicklung, 2009, S. 105.

[160] *Huber*, Weiterentwicklung, 2009, S. 10.

[161] Vgl. *Huber*, Weiterentwicklung, 2009, S. 91 ff.; *Kratzsch/Rahe*, Methoden, StB 2010, S. 167.

[162] Vgl. *Huber*, Weiterentwicklung, 2009, S. 93; *Huber/Huber*, Ziffernanalyse, StBp 2009, S. 126 f.

zifferntests und der anschließenden Auswertung müssen immer die Besonderheiten des Betriebs, insbesondere die Preisendzifferstruktur, beachtet werden.[163]

3.3.3.2 Rechtsprechung

Auch der Chi-Quadrat-Test über die Endziffern hat in den letzten Jahren Eingang in die finanzgerichtliche Rechtsprechung gefunden, die aber genau wie beim Zeitreihenvergleich vom BFH noch nicht überprüft worden ist.[164] Das FG Münster hat im Urteil vom 05.12.2002[165] nicht unerhebliche Mängel an der Ordnungsmäßigkeit der Buchführung u.a. mit dem Ergebnis eines Chi-Quadrat-Tests, mit dem die Kasseneinnahmen verprobt wurden, begründet. Im Urteil vom 14.08.2003 verweist das FG Münster darauf, dass bei Anwendung des Chi-Quadrat-Tests in der steuerlichen Betriebsprüfung zur Verprobung von Tageseinnahmen nach gängiger Meinung[166] mindestens 500 Werte in der Stichprobe enthalten sein müssen. Außerdem urteilt das Gericht, dass ein Chi-Quadrat-Test alleine keine Einnahmemanipulation sicher belegen kann, weil das Verfahren kein Beweis im juristischen Sinne ist.[167] Das FG Rheinland-Pfalz hat ebenfalls am 24.08.2011 entschieden, dass Auffälligkeiten beim Chi-Quadrat-Test allein kein Grund für die Beanstandung der Buchführung sind. Nach Ansicht des Gerichts muss die Preisstruktur eines Betriebs für eine Verprobung der Kassenbuchführung mittels Chi-Quadrat-Test geeignet sein.[168] Mit dem Urteil vom 10.11.2003 hat das FG Münster ausdrücklich bestätigt, dass der Verdacht auf mögliche Manipulationen in der Kassenbuchführung durch einen Chi-Quadrat-Test erhärtet werden kann. Das Ergebnis des Tests wurde als starkes Indiz für Manipulationen gedeutet.[169] Eine Entscheidung über das notwendige Signifikanzniveau des Chi-Quadrat-Tests hat das Gericht nicht getroffen.[170] Auch das Finanzgericht Hamburg hat das Ergebnis eines Chi-Quadrat-Tests als aussagekräftiges Indiz gewertet.[171]

---

[163] Vgl. *Wähnert*, Wahrscheinlichkeitstests, StBp 2007, S. 68; *Huber*, Weiterentwicklung, 2009, S. 88 ff.; *Wähnert*, Grenzen, StBp 2008, S. 315 f.; *Kratzsch/Rahe*, Methoden, StB 2010, S. 167 f.; *Watrin/Ullmann*, Anwendungsmöglichkeiten, WPg 2009, S. 105.

[164] Vgl. *Gebbers*, Rechtsprechung, StBp 2008, S. 209 ff.; *Kratzsch/Rahe*, Methoden, StB 2010, S. 165 f.; *Watrin/Struffert*, Chancen, DB 2006, S. 1750.

[165] Vgl. FG Münster v. 05.12.2002, 8 V 5774/02 E,G,U, Beck-online.

[166] Vgl. *Sosna*, Lokalisierung, StBp 2000, S. 40 ff.

[167] Vgl. FG Münster v. 14.08.2003, 8 V 2651/03 E,U, EFG 2004, S. 10 f.

[168] Vgl. FG Rheinland-Pfalz v. 24.08.2011, 2 K 1277/10, EFG 2012, S. 10 f.

[169] Vgl. FG Münster v. 10.11.2003, 6 V 4562/03 E,U, EFG 2004, S. 236 f.

[170] Vgl. *Watrin/Struffert*, Chancen, DB 2006, S. 1750.

[171] Vgl. FG Hamburg v. 24.06.2005, I 153/04, Beck-online.

Im Urteil vom 07.12.2005 erwähnt das FG Münster in seiner Begründung, dass die Anwendung des Chi-Quadrat-Tests grundsätzlich auch auf Fahrtenbücher möglich ist. Der Chi-Quadrat-Test hatte allerdings letztendlich keinen Einfluss auf die Entscheidung.[172]

3.3.3.3 Bedeutung und Beweiswert

Die Literatur ist einstimmig der Meinung, dass das Ergebnis eines Chi-Quadrat-Tests über die Endziffern von Tageseinnahmen nicht ausreicht, um die sachliche Richtigkeit einer formell ordnungsgemäßen Buchführung zu widerlegen[173] und stimmt somit den Urteilen des FG Münster vom 14.08.2003[174] und des FG Rheinland-Pfalz vom 24.08.2011[175] zu. Zur Widerlegung einer ordnungsgemäßen Buchführung bedarf es weiterer Absicherungen, zum Beispiel durch eine Geldverkehrs- oder Vermögenszuwachsrechnung.[176] Das Ergebnis eines Chi-Quadrat-Tests ist kein Nachweis für Manipulation, kann aber als aussagekräftiges Indiz gewertet werden und hat damit besondere Bedeutung für die steuerliche Betriebsprüfung.[177]

Zu Recht wird in der Literatur die Festlegung der finanzgerichtlichen Rechtsprechung auf ein Signifikanzniveau gefordert.[178] *A. Wähnert* empfiehlt in seinen Veröffentlichungen der steuerlichen Betriebsprüfung ein besonders hohes Signifikanzniveau zu wählen, da in der Praxis stark manipulierte Daten häufig eine Zufallswahrscheinlichkeit von unter 0,05% aufweisen. So kann seiner Ansicht nach ein sehr hoher Indizienwert erzielt werden, der die Anforderungen des BFH an den Gegenbeweis zur Widerlegung des § 158 AO erfüllt.[179] Als Richtlinie empfiehlt er, dass bei einer Einzelziffernanalyse „ein Chi-Quadrat-Wert deutlich größer 30 eine nicht vorliegende Gleichverteilung der untersuchten Daten bestätigt."[180]

---

[172] Vgl. FG Münster v. 05.12.2005, 1 K 6384/03 E, EFG 2006, S. 652 f.
[173] Vgl. *Seer* in Tipke/Kruse AO/FGO, Kommentar, § 162 AO Rz. 58 u. 60; *Pahlke/Koenig/ Cöster*, AO, Kommentar, § 162 Rz. 107; *Meyer*, Abwehrstrategien, DStR 2005, S. 2116; *Carlé*, Abwehr, KÖSDI 2005, S. 14721; *Burkhard*, Außenprüfung, StBp 2006, S. 61; *Schützeberg*, Schätzung, StBp 2009, S. 35; *Drüen*, Testverfahren, PStR 2004, S. 21 f.; *Müller*, Verprobungsverfahren, StB 2006, S. 144 f.; *Beyer*, Chi-Quadrat-Test, AO-StB 2011, S. 357 f.
[174] Vgl. FG Münster v. 14.08.2003, 8 V 2651/03 E,U, EFG 2004, S. 9 ff.
[175] Vgl. FG Rheinland-Pfalz v. 24.08.2011, 2 K 1277/10, EFG 2012, S. 10 f.
[176] Vgl. *Seer* in Tipke/Kruse AO/FGO, Kommentar, § 162 AO Rz. 58 u. 60; *Pahlke/Koenig/ Cöster*, AO, Kommentar, § 162 Rz. 107.
[177] Vgl. *Wähnert*, Grenzen, StBp 2008, S. 315.
[178] Vgl. *Gebbers*, Rechtsprechung, StBp 2008, S. 296.
[179] Vgl. *Wähnert*, Einsatzmöglichkeiten, BBK 2009, S. 743 f.
[180] Vgl. *Wähnert*, Untersuchung, BBK 2007, S. 994.

Der Verweis des FG Münster vom 14.08.2003 auf die Mindestanzahl von 500 Werten für die Durchführung eines Chi-Quadrat-Tests muss kritisch hinterfragt werden. *Ch. Sosna* selbst weist darauf hin, dass auch schon ab 207 Werten brauchbare Lösungen erzielt werden.[181] Erst wenn weniger als 50 Werte für den Test zur Verfügung stehen, müssen Testergebnisse seiner Ansicht nach vorsichtig interpretiert werden.[182] Dieser Feststellung wird in der Literatur zugestimmt.[183]

Festzuhalten bleibt, dass eine mit dem Chi-Quadrat-Test über Gleichverteilung der Endziffern festgestellte signifikante Abweichung besondere Ursachen bei Differenzen zwischen der Ist- und Sollverteilung belegt. Dies kann Zweifel an der sachlichen Richtigkeit der Buchführung auslösen.

Ob sich die Endziffernanalyse für die Kontrolle von Fahrtenbüchern effektiv nutzen lässt, darf aufgrund der zu treffenden Prämissen, wie Kürzung des Datensatzes um täglich gleiche Fahrten zum Arbeitsplatz, bezweifelt werden.[184] Ein Zeitreihenvergleich von Tageseinnahmen und Kilometern erscheint für diesen Bereich aufgrund der erzielbaren Ergebnisse sinnvoller.[185]

3.3.4 Newcomb-Benford Law

3.3.4.1 Annahmen, Ablauf und Anforderungen an die Stichprobe

Das Newcomb-Benford Law ist eine empirische Beobachtung über eine spezielle Verteilung der Ziffernstruktur in zufällig entstanden Datensätzen. Nach *S. Newcomb*[186] und *F. Benford*[187] lässt sich zeigen, dass Zahlen mit einer niedrigen Anfangsziffer deutlich häufiger auftreten als Zahlen mit einer hohen Anfangsziffer[188] *M. Nigrini* entwickelte eine EDV-Anwendung, mit der Unternehmensdaten auf das Newcomb-Benford Law überprüft werden können.[189] Dank der neuen EDV-Technik etablierte sich das Verfahren im Bereich der Wirtschaftsprüfung und in der

---

[181] Vgl. *Sosna*, Lokalisierung, StBp 2000, S. 72.
[182] Vgl. *Sosna*, Ziffernanalyse, StBp 2004, S. 253.
[183] Vgl. *Wähnert/Kuballa*, Datenanalyse, BBK 2006, S. 903; *Watrin/Ullmann*, Anwendungsmöglichkeiten, WPg 2009, S. 105.
[184] Vgl. *Watrin/Struffert*, Chancen, DB 2006, S. 1750.
[185] Vgl. *Huber*, Weiterentwicklung, 2009, S. 100 ff.; *Watrin/Struffert*, Chancen, DB 2006, S. 1750; *Gebbers*, Rechtsprechung, StBp 2008, S. 294 ff.
[186] Vgl. *Newcomb*, American Journal of Mathematics 1881, S. 39 f.
[187] Vgl. *Benford*, Law, Proceedings of the American Philosophical Society 1938, S. 551 ff.
[188] Vgl. Anhang 4: Benford-Verteilung, S. 74.
[189] Vgl. *Nigrini*, Analysis, 2000, S. 1 ff.

steuerlichen Betriebsprüfung.[190] Mit dem Newcomb-Benford Law werden in der steuerlichen Betriebsprüfung unter anderem Umsätze und Tageskasseneinnahmen überprüft.[191] Der Begriff Newcomb-Benford Law wird seit 2006 von *E. Huber* geprägt, der mit seinen Veröffentlichungen zu dem Verfahren einen großen Beitrag für den Einsatz in der steuerlichen Betriebsprüfung geleistet hat.[192]

Das Gesetz liefert eine Aussage über beliebig lange Ziffernstrukturen. Es gilt für alle beliebigen Stellen einer Zahl.[193] Bei der Überprüfung von Datensätzen auf Newcomb-Benford Law ist zu beachten, dass nicht jeder unmanipulierte Datensatz automatisch dem Gesetz folgt. Folgende Voraussetzungen sollten bei einem Datensatz erfüllt sein, sind aber weder hinreichend noch notwendig:[194]

1. Alle Daten sollten in der gleichen Einheit angegeben sein und den gleichen Sachverhalt messen.

2. Der Datensatz sollte keine eingebauten Minimal- oder Maximalwerte enthalten, d.h. der Datensatz darf keine festgelegten Grenzen haben.

3. Im Datensatz dürfen keine zugewiesenen Nummern enthalten sein.

4. Im Datensatz sollten tendenziell mehr kleine als große Zahlen enthalten sein.

Benford-Mengen weisen die Haupteigenschaften, Skaleninvarianz, Basisinvarianz und unveränderte Gültigkeit der Newcomb-Benford-Menge nach mathematischen Operationen auf. Insbesondere die Skaleninvarianz ist für die steuerliche Betriebsprüfung von Bedeutung, weil durch diese Eigenschaft beispielsweise Währungsumrechnungen das Vorliegen einer Benford-Menge nicht beeinflussen. Manipulationen eines Datensatzes mit einer Konstanten können aufgrund der Eigenschaft nicht aufgedeckt werden.[195]

---

[190] Vgl. *Huber*, Herleitung, StBp 2008, S. 242; *Sosna*, Lokalisierung, StBp 2000, S. 40 ff.; *Mochty*, Rechnungswesen, WPg 2002, S. 725 ff.

[191] Vgl. *Wähnert*, Untersuchung, BBK 2007, S. 994 ff.; *Huber*, Weiterentwicklung, 2009, S. 82 ff.

[192] Vgl. *Huber/Huber*, Prüfungstool, StBp 2006, S. 283.

[193] Vgl. *Benford*, Law, Proceedings of the American Philosophical Society 1938, S. 554 ff.; *Mochty*, Rechnungswesen, WPg 2002, S. 726 ff.

[194] Vgl. *Nigrini*, Analysis, 2000, S. 24 f.; *Quick/Wolz*, Law, BFuP 2003, S. 213; *Odenthal*, Prüfsoftware, 2006, S. 157 ff.; *Watrin/Ullmann*, Anwendungsmöglichkeiten, WPg 2009, S. 103 f.; *Watrin*, Methoden, 2007, S. 1193.

[195] Vgl. *Watrin*, Methoden, 2007, S. 1193; *Watrin/Ullmann*, Anwendungsmöglichkeiten, WPg 2009, S. 104; *Hill*, Derivation, Statistical Science 1995, S. 357; *Quick/Wolz*, Law, BFuP 2003, S. 211 f.; *Mochty*, Rechnungswesen, WPg 2002, S. 727 f.

Bei der Überprüfung von Datensätzen auf Newcomb-Benford Law stehen zwei Alternativen zur Verfügung. Die Überprüfung der ersten oder der ersten beiden Stellen auf Ungleichverteilung (Erstziffernanalyse) oder Überprüfung einer hinteren Stelle ab der vierten Zahl auf Gleichverteilung. Die letztgenannte Alternative entspricht dem in Abschnitt 3.3.3 vorgestellten Chi-Quadrat-Test über die Gleichverteilung der Endziffern.[196]

Der Ablauf des Chi-Quadrat-Tests von Datensätzen auf die Newcomb-Benford Law Verteilung gestaltet sich aufwendiger als der Endzifferntest. Zunächst muss die Soll-Ziffernhäufigkeit nach Newcomb-Benford Law berechnet und dann mit der Ist-Ziffernhäufigkeit verglichen werden.[197]

E. Huber weist darauf hin, dass sich bei der Erstziffernanalyse mindestens 500 Elemente im Datenbestand befinden müssen. Für den maximalen Stichprobenumfang gelten dieselben Ausführungen und Einwände wie beim Chi-Quadrat-Test der Endziffern. Ein Wert zwischen diesen beiden Extremwerten ist zu empfehlen.[198] Nicht signifikante Daten müssen gegebenenfalls ausgesondert werden.[199] Bei der Überprüfung der Anfangsziffern eines Datensatzes auf das Newcomb-Benford Law belegt eine signifikante Abweichung lediglich, dass die Struktur des Datensatzes nicht dem Newcomb-Benford Law folgt, was viele Ursachen haben kann. Betriebliche Besonderheiten, wie beispielsweise das Paketproblem müssen ebenfalls in der Auswertung des Ergebnisses beachtet werden.[200]

3.3.4.2 Rechtsprechung, Bedeutung und Beweiswert

Bis heute hat das Newcomb-Benford-Verfahren keine besondere Rolle in der Steuergerichtsbarkeit erlangt. Die Methode wurde lediglich in zwei Entscheidungen vom BFH erwähnt, hatte aber letztlich keine Bedeutung für die Urteile.[201]

In der Literatur gilt das Newcomb-Benford Law als statistisch-mathematische Methode, mit der die Plausibilität der Buchführung eines Unternehmers überprüft werden kann. Das Ergebnis einer Verprobung von Betriebsdaten mit der Methode kann

---

196 Vgl. *Watrin/Struffert*, Chancen, DB 2006, S. 1750.

197 Vgl. Anhang 5: Formel für die Berechnung der Benford-Verteilung, S. 75.

198 Vgl. Abschnitt 3.3.3.1.

199 Vgl. *Huber*, Weiterentwicklung, 2009, S. 57 ff.; *Mochty*, Rechnungswesen, WPg 2002, S. 730.

200 Vgl. *Huber*, Weiterentwicklung, 2009, S. 57 ff. u. 88 ff.; *Odenthal*, Prüfsoftware, 2006, S. 174 f.

201 Vgl. BFH v. 21.06.2007, V B 221/05, BFH/NV 2007, S. 2112 f.; BFH v. 14.08.2006, VI B 152/05, BFH/NV 2006, S. 2281 f.

ein Indikator für mögliche Manipulationen sein. Im Regelfall reicht das Ergebnis aber nicht zur Widerlegung einer ordnungsgemäßen Buchführung. Im Zusammenhang mit einer Geldverkehrs- oder Vermögenszuwachsrechnung kann das Newcomb-Benford Law die Beweisführung für wesentliche Buchführungsmängel allerdings unterstützen und eine Schätzung rechtfertigen.[202]

Nach Ansicht von *E. Huber* bietet die Methode einen guten Einstieg für eine rasche Analyse. Er und *R. Odenthal* weisen nachdrücklich darauf hin, dass spezielle, betriebliche Einflüsse bei der Überprüfung berücksichtigt werden müssen und in keinem Fall aus automatisierten, statistischen Abweichungstests sofort auf eine Manipulation geschlossen werden darf.[203] Auch andere Autoren warnen davor, den Ergebnissen aus Verprobungen mit dem Newcomb-Benford Law ein zu großes Gewicht zu geben.[204]

In der Literatur existieren mögliche Erweiterungen bzw. Alternativen des Testverfahrens, mit dem das Analyseprogramm IDEA Buchführungsdaten auf das Newcomb-Benford Law überprüft.[205] Beispielsweise hat E. Huber in seinen neueren Veröffentlichungen festgestellt, dass mit der Überprüfung eines Datensatzes auf Newcomb-Benford Law „lediglich" das Vorliegen einer logarithmischen Normalverteilung in Rechenwerken nachgewiesen wird. Er fordert deshalb eine Anpassung der Prüfungstechnik auf diese Erkenntnis und zeigt mögliche Ansatzpunkte auf.[206] Es bleibt abzuwarten, welche Alternativen sich in der Praxis etablieren und den Beweiswert der Überprüfung von Datensätzen auf Newcomb-Benford Law erhöhen können.

3.4 Bewertung der aktuellen statistisch-mathematischen Methoden

Mit den vorgestellten statistisch-mathematischen Methoden lassen sich besonders manipulationsanfällige Leistungsdaten von KMU und Kleinstbetrieben verproben. Aus betriebswirtschaftlicher Sicht kann mit Zeitreihenvergleichen ein tiefer Einblick in die Verhältnisse eines Unternehmens gewonnen werden. Die Ziffernanalyse ermöglicht die Überprüfung der Vertrauenswürdigkeit von Risikodaten. Aus dem Ein-

---

[202] Vgl. *Seer* in Tipke/Kruse AO/FGO, Kommentar, § 162 AO Rz. 58; *Pahlke/Koenig/ Cöster*, AO, Kommentar, § 162 Rz. 107; *Kratzsch/Rahe*, Methoden, StB 2010, S. 194; *Müller*, Verprobungsverfahren, StB 2006, S. 144 f.; *Schneider*, Aufdeckung, INF 2004, S. 680.

[203] Vgl. *Huber*, Weiterentwicklung, 2009, S. 57 ff. u. 88 ff.; *Odenthal*, Prüfsoftware, 2006, S. 174 f.

[204] Vgl. *Wähnert/Kuballa*, Datenanalyse, BBK 2006, S. 903 ff.; *Watrin/Ullmann*, Anwendungsmöglichkeiten, WPg 2009, S. 106.

[205] Vgl. *Posch*, Ziffernanalyse, StBp 2010, S. 338 ff.; *Huber*, Weiterentwicklung, 2009, S. 13 ff.

[206] Vgl. *Huber*, Weiterentwicklung, 2009, S. 7 ff.; *Huber*, Herleitung, StBp 2008, S. 241 ff.

satz der Methoden in der steuerlichen Betriebsprüfung resultiert ein schneller und fundierter Gesamtüberblick über den zu prüfenden Betrieb. Der Prüfer erhält Informationen über betriebliche Besonderheiten und mögliche Mängel im Zahlenwerk. So können in kurzer Zeit Einschätzungen über die Vertiefungsnotwendigkeit der Prüfung getroffen und Intensivprüffelder festgelegt werden. Grundsätzlich müssen allerdings die restriktiven Anwendungsvoraussetzungen der Methoden beachtet werden.[207] Außerdem dürfen die Ergebnisse der Methoden immer nur eine Indizwirkung haben.[208] Nicht jeder, durch eine statistisch-mathematische Methode festgestellte, auffällige Beschaffenheit einer Grundgesamtheit muss eine Manipulation zugrunde liegen.[209]

Bei der Anwendung der statistisch-mathematischen Methoden in der steuerlichen Betriebsprüfung muss der Auffassung von *E. Huber* und *A. Wähnert* gefolgt werden, die den Einsatz eines interaktiven „Prüfungsnetzes"[210] aus mehrperspektivischen Prüfungsmethoden fordern.[211] Der Vorteil von Verprobungsnetzen liegt darin, dass handwerkliche Fehler der Prüfer schneller erkannt werden, aber andererseits auch Indizienketten aus den verschiedenen Methoden den Beweiswert verstärken können. Zudem können Anpassungen der Besteuerungsgrundlagen interaktiv berücksichtigt werden.[212] Der Einsatz eines solchen Prüfungsnetzes kann im Manipulationsfall dabei helfen, ein dichtes „Indiziennetz"[213] aufzubauen, das nicht mehr stimmig entkräftet werden kann.[214]

A. Wähnert fordert eine im Vergleich zu den bisher bevorzugten, traditionellen Verfahren, „erheblich höhere"[215] Einstufung des Beweiswerts von interaktiven Verprobungsnetzen. Er begründet dies damit, dass die Ergebnisse der statistisch-mathematischen Methoden auf betriebseigenen Daten beruhen und eine mehrperspektivische Betrachtung und Interaktivität dieser Daten eine Unterscheidung von

[207] Vgl. *Wähnert,* Anwendung, BBK 2008, S. 582 ff. *Wähnert*, Verprobungsansätze, NWB 2010, S. 2963 ff.; *Wähnert*, Verprobungsnetze, StBp 2011, S. 108 f.
[208] Vgl. *Kratzsch/Rahe*, Methoden, StB 2010, S. 199.
[209] Vgl. *Watrin/Ullmann*, Anwendungsmöglichkeiten, WPg 2009, S. 106; *Soehner*, Betriebsprüfung, StC 2010, S. 17.
[210] *Huber*, Herleitung, StBp 2008, S. 281.
[211] Vgl. *Huber*, Herleitung, StBp 2008, S. 281; *Huber*, Weiterentwicklung, 2009, S. 110; *Wähnert*, Verprobungsnetze, StBp 2011, S. 108 f.
[212] *Wähnert*, Verprobungsnetze, StBp 2011, S. 108 f.
[213] Vgl. *Wähnert*, Verprobungsansätze, NWB 2010, S. 2965.
[214] Vgl. *Wähnert*, Verprobungsansätze, NWB 2010, S. 2965; *Wähnert*, Risikofilterung, StBp 2010, S. 4 f.
[215] *Wähnert*, Verprobungsnetze, StBp 2011, S. 109.

betrieblichen Besonderheiten und echten Unschlüssigkeiten ermöglichen.[216] Außerdem beruft er sich auf die Aussage des BGH im Urteil vom 25.11.1982, dass „wenn keine der einzelnen Indizientatsachen für sich allein zum Täterschaftsnachweis ausreich[t], [diese] in ihrer Gesamtheit eine entsprechende Überzeugung vermitteln“[217] können. Der hohe Beweiswert von Indiziennetzen ist somit vom BGH abstrakt angesprochen worden, allerdings ohne dass dieser das tatsächliche Ausmaß konkretisiert hat.[218] Des Weiteren fordern *R. Seer*[219], *E. Huber*[220] und *A. Wähnert*[221] angesichts der neuen Manipulationsmöglichkeiten, in Form von Programmen zur nachträglichen Veränderung der Datenbanken in PC-Kassen, eine Neueinschätzung des § 158 AO.[222] Die Aufklärungspflicht kann nach Ansicht von *A. Wähnert* bei den durch Verprobung festgestellten Besteuerungsrisiken nur beim Steuerpflichtigen liegen.[223] Inwieweit sich diese Forderungen durchsetzen werden, bleibt abzuwarten.

Noch nicht abschließend geklärt ist zudem, in welchem Umfang die neuen, elektronischen Verprobungsmethoden im Rahmen einer Schätzung eingesetzt werden dürfen. Nach Ansicht von *A. Wähnert* liefern sie zum Teil bessere Ergebnisse als eine Vermögenszuwachs- oder Geldverkehrsrechnung.[224] Entscheidend für die Anwendung von statistisch-mathematischen Verfahren im Bereich der Schätzung wird die Beantwortung der Frage sein, inwieweit mit den Verfahren aus einem manipulierten Datenbestand auf die Besteuerungsgrundlagen, die die größte Wahrscheinlichkeit für sich haben,[225] geschlossen werden kann.[226]

Die zukünftige Rechtsprechung der Finanzgerichte und des BFH wird folglich entscheidende Auswirkungen auf den zukünftigen Einsatz der statistisch-mathematischen Methoden in der steuerlichen Betriebsprüfung haben. Die Gerichte müssen klären, welcher Beweisgrad erreicht werden muss, um die Rechtsvermutung des § 158 AO zu widerlegen oder zumindest anzweifeln zu können. Von hoher Rele-

---

[216] Vgl. *Wähnert*, Verprobungsnetze, StBp 2011, S. 108 f.; *Wähnert*, Indizienketten, StBp 2011, S. 269 ff.;
[217] BGH v. 25.11.1982, 4 StR 564/82, NStZ 1983, S. 133.
[218] Vgl. *Wähnert*, Prüfungspraxis, BBK 2011, S. 1187; *Wähnert*, Indizienketten, StBp 2011, S. 271 f.
[219] Vgl. *Seer* in Tipke/Kruse AO/FGO, Kommentar, § 158 AO Rz. 21b.
[220] Vgl. *Huber*, Fiskallösungen, StBp 2009, S. 153 ff.
[221] Vgl. *Wähnert*, Verprobungsnetze, StBp 2011, S. 109.
[222] Vgl. *Seer* in Tipke/Kruse AO/FGO, Kommentar, § 158 AO Rz. 21b; *Huber*, Fiskallösungen, StBp 2009, S. 153 ff.; *Härtl/Schieder*, Erlöserfassungssysteme, StBp 2011, S. 33 ff.
[223] Vgl. *Wähnert*, Verprobungsnetze, StBp 2011, S. 109.
[224] Vgl. *Wähnert*, Verprobungsnetze, StBp 2011, S. 109 f.
[225] Vgl. Abschnitt 2.4.2.
[226] Vgl. *Hackl*, Verfahren, SWK 2005, S. 733 f.; *Wähnert*, Verprobungsnetze, StBp 2011, S. 109 f.

vanz werden daher die Beurteilungen der Gerichte über den Beweiswert der einzelnen Verfahren und von den Verprobungsnetzen sein.[227] Auch zur Zulässigkeit von Schätzungen mit elektronischen, statistisch-mathematischen Methoden wird sich die Rechtsprechung fortentwickeln müssen.[228] Grundsätzlich lässt sich bereits aus der vorhandenen Rechtsprechung die Tendenz erkennen, dass Verprobungsnetzen aus statistisch-mathematischen Methoden ein höherer Beweiswert zugestanden wird als der Einzelanwendung der Methoden. Ein solches Verprobungsnetz sollte im Beweiswert auf eine Stufe mit der detaillierten Nachkalkulation oder der umfassenden Geldverkehrs- oder Vermögenszuwachsrechnung gestellt werden. Anhand der Methoden wird die Buchführung aus unterschiedlichsten Perspektiven untersucht, weshalb durch mehrere Methoden entdeckte Auffälligkeiten von der Rechtsprechung entsprechend gewürdigt werden sollten. Dem Schutz des Steuerpflichtigen wird durch die Möglichkeit, Auffälligkeiten zu entkräften, ausreichend Rechnung getragen.

Die neuen Prüfmethoden werden in Zukunft zwangsläufig an Bedeutung in der steuerlichen Betriebsprüfung gewinnen. Insbesondere aufgrund stagnierender Ressourcen ist die Finanzverwaltung gezwungen, neue elektronische Verfahren in der steuerlichen Betriebsprüfung einzusetzen, um die Effektivität und Effizienz zu erhöhen.[229] Ohne eine Anpassung der Methodik der steuerlichen Betriebsprüfung kann die Finanzverwaltung ihrem Prüfungsauftrag kaum noch gerecht werden eine seriöse Prüfung in angemessener Zeit durchzuführen.[230] Von Vorteil ist, dass die nachrückende Generation der Betriebsprüfer in der Regel über qualifizierte Computerkenntnisse verfügt und somit die elektronischen Methoden besser nutzen kann.[231] Die erleichterte Anwendbarkeit der Methoden mit Hilfe der Software IDEA wird ebenfalls zu einer gesteigerten Anwendung beitragen.[232] Hierbei kann der Einsatz von speziellen Prüfmakros, Tools oder SRP-Vorlagen die Anwendung der Methoden beschleunigen, vereinfachen und die Ergebnisse verbessern.[233] Langfristiges Ziel der

[227] Vgl. *Wähnert*, Verprobungsnetze, StBp 2011, S. 108 f.
[228] Vgl. *Braun*, Anmerkung, EFG 2009, S. 1096; *Huber/Wähnert*, NiPt, NWB 2009, S. 2818 f.; *Gebbers*, Rechtsprechung, StBp 2008, S. 209 ff.; *Huber/Wähnert*, Zeitreihenurteil, StBp 2009, S. 207 ff.; *Wähnert*, Verprobungsnetze, StBp 2011, S. 109 f.
[229] Vgl. *Watrin/Ullmann*, Anwendungsmöglichkeiten, WPg 2009, S. 106; *Wähnert*, Einsatzmöglichkeiten, BBK 2009, S. 746.
[230] Vgl. *Huber/Wähnert*, NiPt, NWB 2009, S. 2818; *Wähnert*, Verprobungsnetze, StBp 2011, S. 107.
[231] Vgl. *Huber*, Erlösrevision, StBp 2007, S. 195; *Wähnert*, Einsatzmöglichkeiten, BBK 2009, S. 746.
[232] Vgl. *Wähnert*, Untersuchung, BBK 2007, S. 996.
[233] Vgl. *Groß/Georgius*, Prüfmakros, DStR 2006, S. 2069; *Wähnert*, Verprobungsansätze, NWB 2010, S. 2965; *Wähnert*, Risikofilterung, StBp 2010, S. 4 f.

Betriebsprüfung muss es sein, weitere neue, indirekte Prüfungsmethoden zu entwickeln und neue Prüffelder aufzudecken, die mit EDV-Unterstützung zügig und effektiv den Ablauf der steuerlichen Betriebsprüfung optimieren können.[234]

Wie weit sich die vorgestellten Verfahren in die Prüfungspraxis von Großbetriebs- und Konzernprüfungen integrieren lassen, bleibt abzuwarten. Zumindest teilweise dürften besteuerungsrelevante elektronische Massendaten mit den Verfahren überprüft und die Ergebnisse gegebenenfalls als wichtige Indizien für den Beweis von Manipulation genutzt werden können.[235]

Die steuerlichen Berater müssen sich ebenfalls intensiv mit den neuen Methoden auseinandersetzen und ihre Funktionsweise verstehen. Im Einzelfall muss der Berater prüfen können, ob die Voraussetzungen für die angewendeten Methoden erfüllt sind und ob die Methoden vom Betriebsprüfer richtig angewendet werden.[236] Die Einführung der Verfahren hat allerdings auch Vorteile für die steuerlichen Berater. Der Ablauf einer digitalen Betriebsprüfung ist vorhersehbar und damit besser planbar. Die neuen Verfahren können teilweise problemlos und kostengünstig selbst oder von spezialisierten Unternehmen durchgeführt und eventuelle Ungereimtheiten schon vor einer steuerlichen Betriebsprüfung mit dem Mandanten geklärt werden. Für den ehrlichen Steuerbürger ist der Einsatz der Methoden ebenfalls von Vorteil, weil die Aufdeckungsquote von Steuerverkürzungen deutlich gesteigert werden kann. Ein dadurch erhöhtes Steueraufkommen dient der Verwirklichung des Grundsatzes der Gleichmäßigkeit der Besteuerung und wird zudem mittelfristig für den Einzelnen entlastend wirken.[237]

[234] Vgl. *Huber*, Verteilungsstruktur, FJ 2003 S. 200; *Huber*, Weiterentwicklung, 2009, S. 13 ff.; *Wähnert*, Einsatzmöglichkeiten, BBK 2009, S. 744.

[235] Vgl. *Weiskopf/Wähnert*, Großbetriebsprüfung, BBK 2012, S. 128 ff.

[236] Vgl. *Huber*, Verteilungsstruktur, FJ 2003 S. 200; *Kratzsch/Rahe*, Methoden, StB 2010, S. 198; *Seer*, Steuerberater, DStR 2008, S. 1559; *Watrin/Ullmann*, Anwendungsmöglichkeiten, WPg 2009, S. 106; *Hüfken/Drüen*, Kontrolle, PStR 2004, S. 46.

[237] Vgl. *Wähnert*, Anwendung, BBK 2008, S. 642; *Kratzsch/Rahe*, Methoden, StB 2010, S. 199.

4 Strukturanalyse als mögliche Alternativmethode

4.1 Vorbemerkungen

Nachfolgend werden die Grundlagen der Strukturanalyse herausgearbeitet. Ziel ist es, zu überprüfen, ob die Anwendung der Strukturanalyse als alternatives Verprobungs- bzw. Schätzverfahren in der deutschen steuerlichen Betriebsprüfung sinnvoll ist und diese optimieren kann. Hierbei werden Kritikpunkte der Beraterschaft und unterschiedliche wissenschaftliche Meinungen einbezogen. Auf steuerrechtliche und praktische Gesichtspunkte wird ebenfalls eingegangen. Durch eine elektronische Analyse der Tageseinnahmen eines ausgewählten Gastronomiebetriebs soll zudem die Anwendbarkeit der Strukturanalyse in diesem Unternehmensbereich für die Verprobung und Schätzung von Tageseinnahmen praktisch verifiziert werden. Außerdem soll das Vorgehen der Finanzverwaltung beim praktischen Einsatz der Strukturanalyse untersucht werden.

Die Strukturanalyse wurde ab 1965 von *W. Baselt*[238] entwickelt und in den 70er Jahren in Vorträgen und Lehrveranstaltungen verbreitet und in der Praxis getestet. Das Verfahren ist ein indirektes, statistisch-mathematisches Verfahren zur Überprüfung der Plausibilität von Datenbeständen (z.B. Tageskasseneinnahmen, Umsätze, Lagerbestände) rein aus ihrer Verteilung heraus. Aufgrund der Komplexität und der zeitintensiven Anwendung geriet die Methode in der Praxis bald wieder in Vergessenheit, obwohl ein Gutachten im Auftrag des BMF das Verfahren als breit einsetzbares Prüfwerkzeug eingestuft hatte.[239] Auch Weiterentwicklungen der Strukturanalyse von *J. Ernst*[240] und *W. Lindenthal*[241] haben sich aufgrund einer unzureichenden EDV-Unterstützung innerhalb der Finanzverwaltung nicht durchsetzen können.

In den letzten Jahren ist die Strukturanalyse in der österreichischen Betriebsprüfung von *E. Huber* weiterentwickelt und dank moderner EDV auch wieder praktisch eingesetzt worden. Mit Hilfe der neuen Technik und dem elektronischen Datenzugriff der steuerlichen Außenprüfung lassen sich die für die Strukturanalyse relevanten

[238] Vgl. z.B. *Baselt*, Betriebsprüfung, 1976, Abschnitt 3.
[239] Vgl. *Bendisch*, Gutachten, 1980, S. 8.
[240] Vgl. *Ernst*, Methoden, 1986, S. 97 ff.
[241] Vgl. *Lindenthal*, Verprobung, FJ 1989, S. 63 ff.

Daten innerhalb einer kurzen Zeitspanne importieren und auswerten.[242] In der österreichischen steuerlichen Betriebsprüfung werden hauptsächlich bargeldintensive Betriebe, wie Gastronomiebetriebe, Taxiunternehmen oder Friseure, durch Einsatz der Strukturanalyse verprobt.[243] Das Verfahren ist trotz regelmäßiger Anwendung hoch umstritten.[244] Auch die österreichische Rechtsprechung hat Zweifel an der Anwendbarkeit der Methode in der steuerlichen Betriebsprüfung geäußert.[245] Hauptkritikpunkte aus Berater- und wissenschaftlicher Sicht sind die von *E. Huber* getroffenen mathematisch-theoretischen Annahmen, auf denen die Strukturanalyse basiert, sowie das Vorgehen der Finanzverwaltung bei der Anwendung der Methode in der steuerlichen Betriebsprüfung.[246]

4.2 Überblick über das Verfahren

4.2.1 Grundlagen

Die Strukturanalyse ermöglicht im Rahmen der steuerlichen Betriebsprüfung die Prüfung von Datenbeständen. Insbesondere sind mit dieser Methode die Verprobung von Tageseinnahmen eines Betriebs und die Schätzung eines eventuellen Fehlbetrags möglich. Hierfür wird die empirisch ermittelte Verteilungsstruktur mit einer parametrisierten Familie theoretischer, erwarteter Verteilungsstrukturen verglichen. Die empirisch erhobenen Daten können als vollständig und nicht manipuliert angesehen werden, wenn deren Verteilungsstruktur mit einer der erwarteten Verteilungsstrukturen übereinstimmt. Bei einer strukturellen Abweichung der empirischen Verteilung von der theoretischen muss der Prüfer Gründe für die Strukturmängel suchen und Überlegungen anstellen, ob und wie diese erklärt werden können. Lässt sich für eine Abweichung von empirischer und theoretischer Verteilungsstruktur kein inner- oder

---

242 Vgl. *Huber*, Verteilungsstruktur, FJ 2003 S. 194 f.; *Huber*, Entdeckungswahrscheinlichkeit, ÖStZ 2008 S. 83 f.; *Gebbers*, Strukturanalyse, StBp 2007, S. 225 f.; *Goldstein*, Betriebsprüfung, 2009, S. 105 f.

243 Vgl. *Huber*, Verteilungsstruktur, FJ 2003 S. 194 f.; *Huber*, Entdeckungswahrscheinlichkeit, ÖStZ 2008 S. 83 f.; *Hübl*, Praxis, SWK 2005, S. 929.

244 Vgl. *Hackl*, Verfahren, SWK 2005, S. 728 ff.; *Hübl*, Praxis, SWK 2005, S. 729 ff.; Huber, Erlösrevision, StBp 2007, S. 193 ff.; Huber, Entdeckungswahrscheinlichkeit, ÖStZ 2008, S. 83 ff.

245 Vgl. UFSW v. 12.03.2009, RV/0328-W/06, Berufungsentscheidung, S. 137 (Internetquelle).

246 Vgl. *Hübl*, Praxis, SWK 2005, S. 929 f.; UFSW v. 12.03.2009, RV/0328-W/06, Berufungsentscheidung, S. 13 ff. (Internetquelle).

außerbetrieblicher Einfluss finden, muss davon ausgegangen werden, dass nicht alle Einnahmen erfasst worden sind.[247]

Die Strukturanalyse beruht auf der Annahme, dass wirtschaftliche Vorgänge zufallsabhängig sind und sich an der logarithmischen Normalverteilung orientieren. Eventuelle Differenzbeträge zwischen erwartetem und beobachtetem Wert können aus den Analyseergebnissen statistisch-mathematisch berechnet werden. Die Methode ist ein der urteilenden Statistik nachempfundenes Verfahren und versucht einen Typ der logarithmischen Normalverteilung an die untersuchte Verteilung anzupassen, um einen Fehlbetrag mit statistisch hinreichender Sicherheit berechnen zu können. Wie bei allen indirekten Prüfmethoden können durch die Strukturanalyse ermittelte Differenzbeträge nicht als direkter Beweis für Manipulation verstanden werden, sondern erfordern eine weitere Überprüfung mit direkten Prüfungsmethoden.[248]

4.2.2 Strukturanalyse nach *E. Huber*

4.2.2.1 Vorbemerkungen

In der Literatur sind aufbauend auf den Überlegungen von *W. Baselt* unterschiedliche Anwendungsmöglichkeiten der Strukturanalyse in der steuerlichen Betriebsprüfung veröffentlicht worden. Die vorgeschlagenen Anwendungsmöglichkeiten beruhen alle auf denselben Basisannahmen.[249] Die von *E. Huber* beschriebenen Verfahren[250] sind die Einzigen, die in den letzten Jahren flächendeckend in der österreichischen Betriebsprüfung praktisch angewendet wurden[251] und werden deshalb stellvertretend näher erläutert.

E. Huber stellt zwei Verfahren der Strukturanalyse vor. Er behandelt die „Grafische Kontrolle im Wahrscheinlichkeitsnetz“[252] und das „Verproben und Schätzen durch Überführung in eine Normalverteilung“[253]. Mit beiden Verfahren können Manipula-

---

[247] Vgl. *Huber*, Praxis, ÖStZ 2002, S. 644; *Huber*, Verteilungsstruktur, FJ 2003 S. 194 f.; *Gebbers*, Strukturanalyse, StBp 2007, S. 225.

[248] Vgl. *Huber*, Praxis, ÖStZ 2002, S. 644; *Huber*, Verteilungsstruktur, FJ 2003 S. 194 f.; *Gebbers*, Strukturanalyse, StBp 2007, S. 225 f.; *Huber*, Prüfungstheorie, StBp 2005, S. 7 ff.

[249] Vgl. *Ernst*, Methoden, 1986, S. 97 ff.; *Huber*, Verteilungsstruktur, FJ 2003 S. 194 ff.; *Huber*, Prüfungstechnik, 2004, S. 154 ff.; *Gebbers*, Strukturanalyse, StBp 2007, S. 225 ff.

[250] Vgl. *Huber*, Verteilungsstruktur, FJ 2003 S. 194 ff.; *Huber*, Prüfungstechnik, 2004, S. 154 ff.

[251] Vgl. *Huber*, Risikomanagement, ÖStZ 2008, S. 84 f.

[252] Vgl. *Huber*, Prüfungstechnik, 2004, S. 160 ff.

[253] Vgl. *Huber*, Prüfungstechnik, 2004, S. 167 ff.

tionen an Tageslosungen[254] aufgedeckt und eventuelle Fehlbeträge geschätzt werden.[255]

4.2.2.2 Grafische Kontrolle im Wahrscheinlichkeitsnetz

Die „Grafische Kontrolle im Wahrscheinlichkeitsnetz“ entspricht im Wesentlichen der aus der Statistik bekannten „probability-plotting-technique“[256]. Bei der „probability-plotting-technique“ werden zwei eindimensionale Verteilungsfunktionen miteinander verglichen. Zu unterscheiden ist hierbei zwischen pp-Plots (Probability-Probability-Plots) und qq-Plots (Quantile-Quantile-Plots). Bei pp-Plots werden die Werte der Verteilungsfunktionen, bei qq-Plots die Werte der inversen Verteilungsfunktionen gegeneinander geplottet. qq-Plots werden in der Regel verwendet, um die Übereinstimmung von empirischen Verteilungen mit einer beliebigen hypothetischen Verteilung zu prüfen.[257] Nach dem Verfahren von *E. Huber* ist ein solches qq-Plot „ein Streudiagramm, in dem die realisierten Werte der Tageslosungen über den Quantilen der logarithmischen Normalverteilung aufgetragen werden, die den relativen kumulativen Rangzahlen der Tageslosungen entsprechen.“[258] Je genauer die Verteilung der Tageslosungen eines Betriebs mit einer logarithmischen Normalverteilung übereinstimmt, desto geringer sind die Abweichungen der Punkte dieses qq-Plots von einer Geraden. Stimmt die Verteilung der Tageslosungen nicht mit der logarithmischen Normalverteilung überein, schließt *E. Huber* daraus, dass diese manipuliert worden sind.[259]

Im Wahrscheinlichkeitsnetz können zudem die Struktur von Tageslosungen verschiedener Jahre verglichen und somit Aussagen über konstante innerbetriebliche Besonderheiten getroffen werden.[260] Die Schätzung eines eventuellen Fehlbetrags wird mit einer Korrekturgeraden durchgeführt. Die Differenzen sind aus der Grafik ablesbar und werden durch die Veränderungen der Summen in den einzelnen Schichten sichtbar.[261]

---

[254] Eine Tageslosung ist die Summe aller Bareinahmen eines Tages und entspricht in dieser Arbeit dem Begriff Tageseinnahme.
[255] Vgl. *Huber*, Prüfungstechnik, 2004, S. 160 ff.
[256] Vgl. *Hartung*, Statistik, 1999, S. 602 ff.
[257] Vgl. *Hartung*, Statistik, 1999, S. 602 ff.
[258] Vgl. *Hackl*, Verfahren, SWK 2005, S. 729.
[259] Vgl. *Huber*, Prüfungstechnik, 2004, S. 160; *Hackl*, Verfahren, SWK 2005, S. 729.
[260] Vgl. *Huber*, Prüfungstechnik, 2004, S. 163.
[261] Vgl. *Huber*, Prüfungstechnik, 2004, S. 160 ff.

4.2.2.3 Verprobung und Schätzung durch Überführung in eine Normalverteilung

Im zweiten Verfahren stellt *E. Huber* eine Möglichkeit vor, aus manipulierten Tageslosungen die tatsächlichen Tageslosungen zu ermitteln. Dafür werden die zu prüfenden Daten nach Datenextraktion und Schichtung in Form eines Balkendiagramms grafisch dargestellt. Durch die Logarithmierung der Mittelwerte der Schichten sollte bei nicht manipulierten Daten eine normalverteilte, im Diagramm sichtbare Losungsstruktur entstehen. Aus dem Diagramm werden dann Rückschlüsse auf die Glaubwürdigkeit der Tageslosungen gezogen. An diese Losungsstruktur wird mit Hilfe eines Excel-Makros die vom Mittelwert und der Standardabweichung der Ursprungsdaten abhängige theoretisch erwartete Losungsstruktur angepasst. Ziel der Anpassung ist „eine möglichst große Deckung mit der Verteilung“[262] der aus der Buchhaltung vorgegeben Tageseinahmen.[263] Auch bei dieser Methode unterstellt *E. Huber*, dass die tatsächliche Verteilung von Tageslosungen eine logarithmische Normalverteilung ist und dass deren Parameter aus den Tageslosungen ermittelt werden können.[264]

Nach Ansicht von *E. Huber* erfolgt bei dieser Methode „die gründlichste Durchleuchtung der Verteilungsstruktur, da bei grafischer Unterstützung durch ein interaktives Diagramm in einer Tabellenkalkulation schichtweise die Original- und Sollwerte sowie die Abweichungen bei Korrektur erkennbar sind.“[265] Das Verfahren hat gegenüber allen anderen Verfahren den Vorteil, dass unmittelbar Überlegungen über die eventuell auftretenden Lücken, Ausreißer und Extremwerte angestellt werden können. Für die Ermittlung einer richtigen Verteilung ist die Beurteilung der Spannweite (Maximum - Minimum) essentiell.[266]

---

[262] Vgl. *Huber*, Prüfungstechnik, 2004, S. 173.
[263] Vgl. *Huber*, Prüfungstechnik, 2004, S. 167 ff.
[264] Vgl. *Huber*, Praxis, ÖStZ 2002, S. 644.
[265] Vgl. *Huber*, Prüfungstechnik, 2004, S. 170.
[266] Vgl. *Huber*, Prüfungstechnik, 2004, S. 170.

4.3 Diskussion der mathematisch-theoretischen Anforderungen an die zu untersuchenden Daten

4.3.1 Zufallsabhängigkeit

Für die Durchführung der Strukturanalyse ist es erforderlich, dass die Einzelwerte des Datenbestands in einem bestimmten Zeitraum theoretisch jeden beliebigen positiven Wert annehmen können. Sonst kann keine geordnete und vergleichbare Verteilungsstruktur entstehen.[267]

Schon Mitte des zwanzigsten Jahrhunderts stellte *K. Daeves* fest, dass bei der Beobachtung von wirtschaftlichen Daten über eine längere Zeitspanne eine deutliche Diskrepanz zwischen freiem Willen und übergeordnetem Gesetz besteht. Der Umsatz eines Unternehmens ist grundsätzlich durch menschliches Handeln willkürlich beeinflussbar. Insofern können nicht alle Einflussfaktoren auf den Umsatz so koordiniert werden, dass Zufälle ausgeschlossen sind. Beispielsweise sind die Anzahl der Gäste und die Höhe ihrer Konsumation weder vorhersagbar noch planbar.[268] *K. Daeves* schreibt dazu: „So hat auch im Wirtschaftsleben der einzelne Mensch und Betrieb alle Handlungsfreiheit. Niemals aber wird weder er noch irgendeine andere Macht auf Dauer die Mehrzahl der anderen in eine Richtung zwingen können, die dem natürlichen Entwicklungsgesetz [der großen Zahlen] entgegengerichtet ist."[269] Folglich gilt es festzuhalten, dass die Tageseinnahmen von gastronomischen und vielen anderen Betrieben ohne Zweifel Zufallscharakter haben.[270]

4.3.2 Gesetzmäßigkeit der Verteilung

4.3.2.1 Standpunkte

Die Gesetzmäßigkeit der Verteilung von wirtschaftlichen Vorgängen und insbesondere von Tageseinnahmen gilt als größter Streitpunkt der Diskussion darüber, ob die Strukturanalyse ein geeignetes Verfahren für die steuerliche Betriebsprüfung ist. Die Strukturanalyse beruht auf der alles entscheidenden Grundannahme, dass sich die zu

---

[267] Vgl. *Huber*, Praxis, ÖStZ 2002, S. 644; *Huber*, Verteilungsstruktur, FJ 2003 S. 194 f.
[268] Vgl. *Hackl*, Verfahren, SWK 2005, S. 730.
[269] Vgl. *Daeves*, Großzahl-Forschung, 1952, S. 36
[270] Vgl. *Hackl*, Verfahren, SWK 2005, S. 730; *Huber*, Praxis, ÖStZ 2002, S. 644.

untersuchende Grundgesamtheit an einer logarithmischen Normalverteilung orientiert.[271]

Diverse Forschungsergebnisse aus dem naturwissenschaftlichen Bereich beweisen, dass insbesondere in den Bereichen der Biologie, Medizin, Chemie und Technik eine logarithmische Normalverteilung untersuchter Werte häufiger vorkommt als eine numerische.[272] Auch im Wirtschaftsleben hat *K. Daeves* ein häufiges Auftreten der logarithmischen Normalverteilung festgestellt. Die logarithmische Normalverteilung tritt bei der Verteilung des Werts von Hauseigentum, von Industrien eines Landes nach Anzahl der Arbeitnehmer, Größe der Betriebe, Produktion, Kapital und Fabrikationskosten, bei der Verteilung von Einlagen bei Banken und Kassen, der Größe von landwirtschaftlicher Anwesen, von Löhnen und Gehältern in Berufsgruppen bei einzelnen Großbetrieben sowie bei vielen wirtschaftlichen Zuständen auf.[273] Dies haben auch *J. Aitchison* und *J. A. C. Brown*[274] für eine Reihe von Wirtschaftsdaten und Beispielen aus dem Bereich der Wirtschaftsstatistik festgestellt. Zudem wird die logarithmische Normalverteilung auch bei Einkommen, Lagerpositionen, Aufträgen, Umsätzen, Rechnungen und Kosten häufig beobachtet.[275]

Auf der Grundlage dieser Befunde hat *E. Huber* seine Überlegungen zur Strukturanalyse entwickelt. Er beruft sich dabei zusätzlich auf Forschungsergebnisse von *W. Baselt*[276], *J. Ernst*[277] und *W. Lindenthal*[278]. *E. Huber* geht davon aus, dass Tageseinnahmen bzw. Losungen üblicherweise aus zufälligen Kombinationen von Preisen mit Verkaufsvorgängen entstehen. Er leitet daraus ab, dass „wenn viele Zufallsgrößen bei der Entstehung einer rechnerischen Größe multiplikativ zusammenwirken, die Wirkung der Zufallsänderung also jeweils der zuvor bestehenden Größe proportional ist, (...) sich strukturell eine bestimmte Verteilung [ergibt]. Bei wirtschaftlichen Vorgängen ist das die logarithmische Normalverteilung (...), die nach einheitlicher Meinung der Lehre bei wirtschaftlichen Vorgängen vorherrscht."[279] Bei dieser

[271] Vgl. *Huber*, Prüfungstechnik, 2004, S. 154; *Gebbers*, Strukturanalyse, StBp 2007, S. 225 f.; *Hackl*, Verfahren, SWK 2005, S. 728 ff.
[272] Vgl. *Daeves/Beckel*, Großzahl-Methodik, 1958, S. 49.
[273] Vgl. *Daeves/Beckel*, Großzahl-Methodik, 1958, S. 74 f.
[274] Vgl. *Aitchison/Brown*, Lognormal, 1957, S. 100 f.
[275] Vgl. *Weber*, Stichprobenverfahren, 1961, S. 44 f. u. S. 59 ff.; *Sachs/Hedderich*, Statistik, 2006, S. 205; *Hartung*, Statistik, 1999, S. 151.
[276] Vgl. z.B. *Baselt*, Betriebsprüfung, 1976, Abschnitt 3.
[277] Vgl. *Ernst*, Methoden, 1986, S. 97 ff.
[278] Vgl. *Lindenthal*, Verprobung, FJ 1989, S. 63 ff.
[279] Vgl. *Huber*, Prüfungstechnik, 2004, S. 154.

Aussage beruft sich *E. Huber* insbesondere auf *L. Sachs*[280], dessen Ausführungen er fast wörtlich übernimmt und mit den Ausführungen anderer Autoren[281] bekräftigt. Er zieht die Schlussfolgerung, dass das Abweichen der Verteilung von Tageseinnahmen von der logarithmischen Normalverteilung einen Hinweis auf Manipulation liefert.[282] *E. Huber* beruft sich zudem auf die gesammelten Erfahrungen aus seiner praktischen Prüfungstätigkeit. So liegt laut seinen Feststellungen in den meisten Prüfungsfällen eine recht eindeutige, einfache logarithmische Normalverteilung bei der Verteilung von Tageslosungen vor.[283] *H. Gebbers*, der die Anwendung der Strukturanalyse in der steuerlichen Betriebsprüfung ebenfalls befürwortet, baut seine Ausführungen zu dem Verfahren auf der Ansicht von *E. Huber* auf und stimmt ihr somit zu.[284] Auch *A. Wähnert* geht in seiner Darstellung zu möglichen Schätzansätzen innerhalb der steuerlichen Betriebsprüfung[285] davon aus, dass die Verteilung von Tageseinnahmen der volkswirtschaftlichen Erwartung zu Wirtschaftsdaten, also der logarithmischen Normalverteilung, folgt.

Nach *P. Hackl* kann dagegen nicht davon ausgegangen werden, „dass die Verteilung von Tageslosungen eine logarithmische Normalverteilung ist; diese Verteilung wird bestenfalls ausnahmsweise zutreffend sein.“[286] In dem für den Fachverband Gastronomie aus Österreich[287] erstellten Auftragsgutachten nennt *P. Hackl* die Annahme, dass eine logarithmische Normalverteilung vorliegen muss als zentralen Kritikpunkt an der Strukturanalyse.[288] Das Argument, nach dem Tageslosungen aus vielen Zufallsgrößen multiplikativ zusammenwirken, hält er für falsch. Preise und Mengen werden zwar für die Ermittlung der Tageslosungen multipliziert, im Vordergrund steht seiner Ansicht nach aber das Aufsummieren der einzelnen Positionen auf den Rechnungen.[289] Des Weiteren erläutert *P. Hackl*, dass „selbst wenn die Wahrscheinlichkeitsverteilung der einzelnen Tageslosungen eine logarithmische Normalverteilung wäre, würde durch das Wirksamwerden der verschiedenen Einflussfaktoren für

---

280 Vgl. *Sachs/Hedderich*, Statistik, 2006, S. 205.
281 Vgl. *Bohley*, Statistik, 2000, S. 419; *Hartung*, Statistik, 1999, S. 151.
282 Vgl. *Huber*, Prüfungstechnik, 2004, S. 154.
283 Vgl. *Huber*, Entdeckungswahrscheinlichkeit, ÖStZ 2008, S. 84.
284 Vgl. *Gebbers*, Strukturanalyse, StBp 2007, S. 225 f.
285 Vgl. *Wähnert*, Verprobungsnetze, StBp 2011, S. 109 f.
286 Vgl. *Hackl*, Verfahren, SWK 2005, S. 731.
287 Vgl. *Hackl*, Gutachten, S. 1 ff. (Internetquelle); *Hackl*, Verfahren, SWK 2005, S. 728 ff.; *Fachverband Gastronomie*, Steuerprüfungen, S. 1 f. (Internetquelle); *Huber*, Entdeckungswahrscheinlichkeit, ÖStZ 2008, S. 83 f.
288 Vgl. *Hackl*, Gutachten, S. 1 ff. (Internetquelle).
289 Vgl. *Hackl*, Verfahren, SWK 2005, S. 731 f.

die Tageslosungen eines bestimmten Zeitraumes eine empirische Verteilung beobachtet werden, die kaum eine logarithmische Normalverteilung ist und die über die Zeit nicht konstant bleibt."[290] Als Beispiele für Einflussfaktoren nennt er Wochentage, Jahreszeit, Monatsbeginn, spezielle Kalendereffekte, Wetter, Inflation, konjunkturelle Effekte und Werbemaßnahmen. Aufgrund der aus seiner Sicht fehlerhaften Annahme, dass eine logarithmische Normalverteilung bei Tageseinnahmen vorliegen muss, kann die Strukturanalyse weder den Nachweis für Manipulation erbringen, noch das Ausmaß der Manipulation schätzen.[291]

Ein Argument gegen die These von *P. Hackl* findet sich in der Stellungnahme des Betriebsprüfers in einer vom UFSW veröffentlichten Urteilsbegründung, in dem u.a. mit dem Gutachten von *P. Hackl* gegen die Anwendung der Strukturanalyse in der steuerlichen Betriebsprüfung argumentiert wird.[292] So folgen die Tageslosungen des geprüften Betriebs fast genau einer logarithmischen Normalverteilung, wenn sämtliche hohen, isolierten Umsätze aus den Berechnungen eliminiert werden. Die hohen Umsätze sind laut der Betriebsprüfung nicht auf außergewöhnliche Umsätze zurückzuführen und müssen deshalb in der Gesamtbetrachtung berücksichtigt werden. Da bei der Gesamtbetrachtung der Tageslosungen keine logarithmische Normalverteilung vorliegt, geht die Betriebsprüfung von einer Manipulation aus.[293]

S. Frühwirt-Schnatter[294] zeigt sich dagegen in ihrem Gutachten, das ebenfalls vom UFSW in der Urteilsbegründung in Auszügen veröffentlicht wurde, entsetzt über das Vorgehen und die Annahme der Betriebsprüfung. Ihrer Ansicht nach ist die logarithmische Normalverteilung „im Zusammenhang mit der Analyse von Wirtschaftsdaten keineswegs, wie von der B[etriebs]P[rüfung] behauptet, "gottgewollt" und zweifelsfrei, sondern ein bei der Analyse von Wirtschaftsdaten gerne gewähltes Verteilungsmodell, das gewisse Eigenschaften von Wirtschaftsdaten wie z.B. Rechtsschiefe, Kurtosis und Positivität der Merkmalsausprägungen besser abbildet als andere Verteilungen (z.B. die Normalverteilung)."[295] Daraus dürfe aber nicht geschlossen

[290] Vgl. *Hackl*, Verfahren, SWK 2005, S. 732.
[291] Vgl. *Hackl*, Verfahren, SWK 2005, S. 731 ff.
[292] Vgl. UFSW v. 12.03.2009, RV/0328-W/06, Berufungsentscheidung, S. 46 ff. (Internetquelle).
[293] Vgl. UFSW v. 12.03.2009, RV/0328-W/06, Berufungsentscheidung, S. 56 (Internetquelle).
[294] Vgl. *Frühwirt-Schnatter*, Gutachter in UFSW v. 12.03.2009, RV/0328-W/06, Berufungsentscheidung, S. 106 ff. (Internetquelle).
[295] Vgl. *Frühwirt-Schnatter*, Gutachter in UFSW v. 12.03.2009, RV/0328-W/06, Berufungsentscheidung, S. 106 (Internetquelle).

werden, dass Wirtschaftsdaten generell einer logarithmischen Normalverteilung folgen.[296]

G. Pflug vertritt in seinem in Auszügen vom UFSW veröffentlichten Gutachten die Ansicht, dass Tageslosungen nicht immer der logarithmischen Normalverteilung folgen, dies aber durchaus möglich ist. Er fordert weitere empirische Untersuchungen, um die Annahme zu belegen.[297]

Über die Anwendbarkeit der Strukturanalyse in der steuerlichen Betriebsprüfung und die damit verbundene Frage, ob Tageslosungen einer logarithmischen Normalverteilung folgen, wurde vonseiten der österreichischen Gerichte noch nicht abschließend entschieden. In der vom UFSW veröffentlichten Urteilsbegründung heißt es, dass nicht festgestellt werden kann, ob die statistische Methode von *E. Huber* zur Überprüfung der Plausibilität von Tageslosungen und gegebenenfalls einer Schätzung geeignet ist.[298] Vom Berufungsgericht wird hervorgehoben, dass alle drei Gutachter die mangelnde Eignung einer logarithmischen Normalverteilung zur Prüfung von Tageslosungen festgestellt haben. Das Gericht urteilt daher, dass eine Buchführung keinesfalls nur deshalb verworfen werden darf, weil die Tageslosungen keiner logarithmischen Normalverteilung folgen.[299] Außerdem wird explizit darauf hingewiesen, dass es zu den vielen, von den Gutachten angesprochenen Detailfragen, keine Judikatur des VwGH gibt.[300]

4.3.2.2 Auswertung der Standpunkte und eigene Auffassung

Zusammenfassend kann festgehalten werden, dass *E. Huber* sich mit seiner Annahme, dass sich Tageslosungen an einer logarithmischen Normalverteilung orientieren, auf praktische Prüfungsfälle beruft.[301] *H. Gebbers* und *G. Pflug* schließen das Vorliegen einer logarithmischen Normalverteilung nicht aus, fordern aber empirische Überprüfungen der Annahme.[302] *P. Hackl* und *S. Frühwirt-Schnatter* erkennen an, dass Wirtschaftsdaten häufig durch eine logarithmische Normalverteilung beschrie-

[296] Vgl. *Frühwirt-Schnatter*, Gutachter in UFSW v. 12.03.2009, RV/0328-W/06, Berufungsentscheidung, S. 106 (Internetquelle).
[297] Vgl. *Pflug*, Gutachter in UFSW v. 12.03.2009, RV/0328-W/06, Berufungsentscheidung, S. 104 ff. (Internetquelle).
[298] Vgl. UFSW v. 12.03.2009, RV/0328-W/06, Berufungsentscheidung, Rechtssätze (Internetquelle).
[299] Vgl. UFSW v. 12.03.2009, RV/0328-W/06, Berufungsentscheidung, S. 137 (Internetquelle).
[300] Vgl. UFSW v. 12.03.2009, RV/0328-W/06, Berufungsentscheidung, S. 93 (Internetquelle).
[301] Vgl. *Huber*, Risikomanagement, ÖStZ 2008, S. 84.
[302] Vgl. *Pflug*, Gutachter in UFSW v. 12.03.2009, RV/0328-W/06, Berufungsentscheidung, S. 104 (Internetquelle); *Gebbers*, Strukturanalyse, StBp 2007, S. 295 f.

ben werden können. Beide sehen darin allerdings keine Gesetzmäßigkeit, die auch für Tageslosungen gelten muss.[303] *P. Hackl* räumt lediglich ein, dass „bestenfalls ausnahmsweise“[304] eine logarithmische Normalverteilung als Verteilung bei Tageslosungen vorliegen kann. Als Hauptkritikpunkt nennt er die Tatsache, dass die Tageslosungen nicht aus multiplikativ zusammenwirkenden Zufallsfaktoren entstehen. Er entkräftet diesen Kritikpunkt jedoch selbst, indem er anführt, dass Tageslosungen u.a. durch die Multiplikation von Preisen und Mengen entstehen. Dieser Tatsache gesteht er allerdings keine Aussagekraft zu.[305] Hierin liegt eine innere Unstimmigkeit in seiner Argumentation. Deshalb kann der Argumentation von *E. Huber* gefolgt werden. Die theoretisch anzutreffende Verteilung bei Tageseinnahmen kann die logarithmische Normalverteilung sein. Um aber eine generelle und abschließende Aussage darüber treffen zu können, ob die theoretische Verteilung von Tageseinnahmen sich einer logarithmische Normalverteilung annähert, bedarf es weiterer wissenschaftlicher Studien.

Der Ansicht des Berufungsgerichts[306] ist zu folgen. Aufgrund der bestehenden Unsicherheiten über die Verteilung von Tageslosungen und der Tatsache, dass die Strukturanalyse eine indirekte Prüfungsmethode ist, kann das Verfahren kein alleiniger Anhaltspunkt für die Verwerfung der Buchführung sein.

4.4 Anwendung der Strukturanalyse anhand eines Beispielfalls

4.4.1 Vorbemerkungen

Nachfolgend werden die aufgezeichneten Tageskasseneinnahmen eines existierenden Gastronomiebetriebs aus den Jahren 2008, 2009 und 2010 mit der Strukturanalyse ausgewertet. Hierbei wird jedes Jahr einzeln untersucht. Die Tageseinnahmen wurden um minimale Einnahmen von kleiner als 100 Euro bereinigt, weil diese die grafischen Auswertungen verzerren würden und nur sehr geringe Auswirkungen auf das Gesamtergebnis haben.[307] Bei der Analyse wird unterstellt, dass diese Originaldaten des Betriebs nicht manipuliert worden sind. Zunächst werden die Daten auf ihre Verteilung hin untersucht, um das Vorliegen einer logarithmischen Normalverteilung zu

[303] Vgl. *Hackl*, Verfahren, SWK 2005, S. 731 f.; *Frühwirt-Schnatter*, Gutachter in UFSW v. 12.03.2009, RV/0328-W/06, Berufungsentscheidung, S. 106 (Internetquelle).
[304] Vgl. *Hackl*, Verfahren, SWK 2005, S. 731.
[305] Vgl. *Hackl*, Verfahren, SWK 2005, S. 731 f.
[306] Vgl. UFSW v. 12.03.2009, RV/0328-W/06, Berufungsentscheidung, S. 137 (Internetquelle).
[307] Vgl. *Huber*, Prüfungstechnik, 2004, S. 154 ff.

beweisen. Auf Basis der Originaldaten wird ebenfalls eine Schätzung mit der Strukturanalyse durchgeführt, um die Ergebnisse der Schätzungen von manipulierten Daten besser auswerten zu können. Danach werden die Originaldaten manuell manipuliert, um zu untersuchen, welche Arten von Manipulation mit der Strukturanalyse aufgedeckt werden können. Die Manipulationen beschränken sich auf die Kürzung der größten und großer Tageseinnahmen, weil Kürzungen von niedrigen Tageseinnahmen dem Steuerpflichtigen keinen großen Nutzen erbringen und somit praktisch auch deutlich seltener vorkommen.[308] Andere Manipulationsmöglichkeiten, wie die Kürzung aller Tageseinnahmen um einen bestimmten Prozentsatz oder einen festen Betrag werden nicht untersucht, weil diese praktisch nur mit großem Aufwand durchführbar sind. Hinzuweisen ist auf die Tatsache, dass aufgrund der Systematik der Strukturanalyse die Kürzung der Tageseinnahmen um einen bestimmten Prozentsatz nicht aufgedeckt werden kann, weil sich die Verteilung bei dieser Art der Manipulation nicht ändert.

Die Analyse der Daten orientiert sich an dem von *E. Huber* vorgeschlagenen Verfahren der „Verprobung und Schätzung durch Überführung in eine Normalverteilung"[309], das in der österreichischen steuerlichen Betriebsprüfung häufig eingesetzt wird. Ein selbst programmiertes Excel-Makro unterstützt die Analyse.[310]

4.4.2 Funktionsweise und Vorgehen mit Hilfe des Excel-Makros

Diese Schritte werden für die Erstellung der Diagramme der aus den Tageseinnahmen der einzelnen Jahre und den Schätzungen chronologisch durchgeführt.

<u>Schritt 1: Logarithmieren der Tageseinnahmen</u>

Für jedes der Geschäftsjahre 2008 bis 2010 werden die Tageseinnahmen logarithmiert. Diese Vorgehensweise unterscheidet sich von dem Verfahren nach *E. Huber*. Dieser teilt die Tageseinnahmen zuerst in Klassen ein (Schritt 2: Erstellung von Klassen), logarithmiert deren Mittelwerte und stellt deren Verteilung grafisch dar.[311] Durch direktes Logarithmieren der Tageseinnahmen kann die Symmetrie der Verteilung theoretisch besser überprüft werden.[312] In seinen Ausführungen stellt *E. Huber*

---

[308] Vgl. *Huber*, Prüfungstechnik, 2004, S. 171.
[309] Vgl. Abschnitt 4.2.2.3.
[310] Vgl. Anhang 6: Excel-Makro, S. 76.
[311] Vgl. *Huber*, Prüfungstechnik, 2004, S. 158 f.
[312] Vgl. Anhang 7: Begründung für geändertes Verfahren, S. 77.

fest, dass der Bereich der niedrigen Tageslosungen tendenziell unverfälscht ist.[313] Die Grafiken zeigen auf, dass im relevanten Bereich der niedrigen Tageslosungen durch die alternative Vorgehensweise mehr Informationen zur Verfügung stehen und somit die Überprüfung der Symmetrie theoretisch eindeutiger ausfällt.

Schritt 2: Erstellung von Klassen

In der Literatur werden verschiedene Formeln und Faustregeln in Bezug auf Anzahl und Größe der einzelnen Klassen für die grafische Darstellung genannt.[314] *E. Huber* empfiehlt in seinen Ausführungen, die Anzahl der Schichten aus der Wurzel der Anzahl der Elemente zu berechnen. Die Gesamtanzahl sollte aus nicht mehr als 15 - 20 Klassen bestehen. Die Größe der einzelnen Klassen wird durch die Extremwerte (Minimum = Minimalwert der logarithmierten Tageseinnahmen, Maximum = Maximalwert der logarithmierten Tageseinnahmen) ermittelt. Die einzelnen Klassen sind konstant gleich groß.[315] *E. Huber* hebt in seinen Ausführungen die große Bedeutung des Maximalwerts hervor. Bei Hinweisen auf unglaubwürdige Maximalwerte muss der Maximalwert der einzelnen Klassen manuell angepasst werden, sodass die Tageseinnahmen einer glaubwürdigen Verteilung folgen.[316] Hierbei bietet es sich an, die Erzeugung der Klassen makrounterstützt von Excel vornehmen zu lassen.

Schritt 3: Festlegen von Startwerten für die beiden Parameter der logarithmischen Normalverteilung

Die beiden Parameter der logarithmischen Normalverteilung, der Mittelwert und die Standardabweichung werden festgelegt. Als Startwerte werden aus eigenen Erfahrungswerten für den Mittelwert 7 und für die Standardabweichung 0,5 gewählt. Die Wahl der Startwerte kann nach eigenem Ermessen erfolgen und hat lediglich Auswirkungen auf die Schnelligkeit der Berechnungen innerhalb von Excel.

Schritt 4: Einbinden des Excel-Makros[317]

Mit Hilfe des Excel-Makros wird eine theoretische Normalverteilung zu den festgelegten Startwerten berechnet.

---

[313] Vgl. *Huber*, Prüfungstechnik, 2004, S. 171.
[314] Vgl. u.a. *Gebbers*, Strukturanalyse, StBp 2007, S. 226; *Sachs*, Methoden, 1982, S. 26; *Bendisch*, Gutachten, 1980, S. 26.
[315] Vgl. *Huber*, Prüfungstechnik, 2004, S. 158 f.
[316] Vgl. *Huber*, Prüfungstechnik, 2004, S. 173 f.
[317] Vgl. Anhang 6: Excel-Makro, S. 76.

Schritt 5: Anwendung des Excel-Optimierers

Durch das Minimieren der quadratischen Differenz zwischen der theoretischen Verteilung und der Verteilung der Verprobung, mittels Variation der beiden Parameter (Mittelwert und Varianz) wird die „ideale" theoretische Verteilung errechnet und grafisch dargestellt. In drei Diagrammen werden die Verteilung der empirischen Daten, die empirische und theoretische Verteilung im Vergleich sowie die Abweichung derselben voneinander dargestellt.

Schritt 6: Manuelle Kalibrierung (Alternativ zu Schritt 5):

Durch die Implementierung einer Möglichkeit zum Verändern der Parameter in Form einer Bildlaufleiste kann die theoretische Verteilung an die Verteilung der Verprobung für Schätzzwecke manuell angepasst werden. *E. Huber* vertritt die Ansicht, dass mit dieser Möglichkeit die besten Ergebnisse erzielt werden können.[318]

Schritt 7: Berechnung des geschätzten Jahresumsatzes

Der geschätzte Jahresumsatz wird aus der Standardabweichung und dem Mittelwert der theoretischen Verteilung mit folgender Formel (3) berechnet:

$$(3) \qquad \text{Gesamtumsatz} = n * e^{\text{Mittelwert} + \frac{\text{Standardabweichung}^2}{2}}$$

Wobei n = Anzahl der Tageslosungen in einem Jahr.

Schritt 8: Auswertung der Ergebnisse

Anhand der Diagramme werden die empirischen Verteilungen auf ihre Gestalt hin untersucht und überprüft, ob diese eine annähernd normalverteilte Struktur aufweisen. Typisch für eine normalverteilte Struktur ist die symmetrische Struktur. Zudem werden die mit der Strukturanalyse erzielten Schätzergebnisse miteinander verglichen.

[318] Vgl. *Huber*, Prüfungstechnik, 2004, S. 170.

4.4.3 Ausgangssituation ohne Manipulationen

Zunächst wird die Verteilung der einzelnen Tageseinnahmen für die Jahre 2008 bis 2010 überprüft.[319] Die Tageseinnahmen weisen folgende Eckdaten auf:

Jahresumsatz im Jahr 2008: 683.536,67 Euro

Anzahl der Tageseinnahmen: 359

Jahresumsatz im Jahr 2009: 675.679,72 Euro

Anzahl der Tageseinnahmen: 359

Jahresumsatz im Jahr 2010: 780.254,48 Euro

Anzahl der Tageseinnahmen: 359

Verprobungsergebnis:

Anhand der Diagramme werden die folgenden Sachverhalte beobachtet:

Die empirischen Verteilungen der logarithmierten Tageseinnahmen[320] für alle drei Jahre sind annähernd gleich, trotz einer Umsatzsteigerung von ca. 100.000 € im Jahr 2010 gegenüber den Vorjahren. Sie folgen dem typischen Verlauf einer Normalverteilung. Die empirischen Verteilungen weisen besonders im Bereich der großen, manipulationsanfälligen Klassen (Klassen 17 – 20) keine Auffälligkeiten auf. Es existieren keine isolierten Maxima und die Verteilungen sind näherungsweise symmetrisch. Die empirischen Verteilungen lassen sich annähernd durch theoretische Verteilungen reproduzieren.[321] Die Abweichungen der empirischen Verteilungen von den theoretischen Verteilungen sind in keinem Bereich besonders groß und zeigen insgesamt einen typischen Verlauf. Die leichten Abweichungen lassen sich durch den Zufall erklären. Besonders auffällig sind die Werte aller drei empirischen Verteilungen in den großen, manipulationsanfälligen Klassen 17 – 20. Die Anzahl der in den Klassen enthaltenen Werte ist tendenziell zu groß, was gegen eine Manipulation spricht. Nur im Jahr 2010 liegt die Anzahl der Tage in den Klassen 19 und 20 minimal unter der von der theoretischen Verteilung vorhergesagten Anzahl. Dafür übertrifft die Anzahl

[319] Vgl. Anhang 8: Tageseinnahmen der Jahre 2008 – 2010, S. 78 ff.

[320] Vgl. Anhang 9: Empirische Verteilungen (Originaldaten), S. 81 f.

[321] Vgl. Anhang 10: Vergleich der theoretischen und empirischen Verteilungen (Originaldaten), S. 83 f.

der Werte in Klasse 18 die Menge der von der theoretischen Verteilung vorhergesagten Werte.[322] Die Verläufe der empirischen Verteilungen enthalten somit keinen Hinweis auf Manipulation. Insgesamt kann festgehalten werden:

1. Die logarithmische Normalverteilung trifft näherungsweise zu: Diese Aussage ist äquivalent zu der Aussage, dass die logarithmierten Tageseinnahmen näherungsweise normalverteilt sind.

2. Für das untersuchte Gastronomieunternehmen ist die Verteilung für die Jahre 2008 bis 2010 annähernd gleich.

Schätzungsergebnis:

Die aus den empirischen Verteilungen geschätzten theoretischen Jahresumsätze belaufen sich auf:

	2008	**2009**	**2010**
Geschätzter Jahresumsatz	653.200,17 €	628.418,01 €	760.248,95 €
Tatsächlicher Jahresumsatz	683.536,67 €	675.679,72 €	780.254,48 €
Abweichung vom tatsächlichen Jahresumsatz im Jahr	30.336,50 €	47.261,71 €	20.005,53 €
Prozent vom tatsächlichen Jahresumsatz	4,44%	6,99%	2,56%

Tabelle 1: Schätzergebnis ohne Manipulation.

Insgesamt kann somit festgehalten werden, dass die Umsatzschätzungen mit der Strukturanalyse bei nicht manipulierten Daten zu niedrig sind.

4.4.4 Manipulationen

4.4.4.1 Kürzung der Spitzenbeträge um einen gleichbleibenden Betrag

Die 20 höchsten Tageseinnahmen der einzelnen Geschäftsjahre 2008 bis 2010 werden nun um jeweils 3.000 € gekürzt (Manipulation A).[323] Der Gesamtkürzungsbetrag

[322] Vgl. Anhang 11: Abweichungen der empirischen Verteilung von der theoretischen Verteilung (Originaldaten), S. 85 f.
[323] Vgl. Anhang 12: Tageseinnahmen der Jahre 2008 – 2010 nach Manipulation A, S 87 ff.

beträgt somit für jedes Jahr 60.000 €. Die Tageseinnahmen weisen nach der Manipulation folgende Eckdaten auf:

Jahresumsatz im Jahr 2008: 623.536,67 Euro

Anzahl der Tageseinnahmen: 359

Jahresumsatz im Jahr 2009: 615.679,72 Euro

Anzahl der Tageseinnahmen: 359

Jahresumsatz im Jahr 2010: 720.254,48 Euro

Anzahl der Tageseinnahmen: 359

Verprobungsergebnis:

Anhand der Diagramme werden die folgenden Sachverhalte beobachtet:

Die Entnahme der Spitzenbeträge führt in allen drei Jahren zu grafischen Auffälligkeiten bei den empirischen Verteilungen.[324] Alle drei Verteilungen sind nicht mehr symmetrisch. Das rechte Ende der Verteilung weicht erheblich von der linken Seite ab. Es sind zu wenig große Tageseinnahmen vorhanden. Während sich die empirische Verteilung des Jahres 2009[325] noch durch eine theoretische Verteilung reproduzieren lässt, ist dies für die Verteilungen der Jahre 2008 und 2010 kaum noch möglich.[326] Die große Anzahl an Werten in Klasse 20 muss als Hinweis auf Manipulation interpretiert werden. Durch eine Erhöhung des Maximalwerts der Tageseinnahmen und der damit verbundenen Veränderung der Spannweite der einzelnen Klassen kann wahrscheinlich ein symmetrischer Verlauf der theoretischen Verteilung dargestellt werden.

Die Abweichungen der empirischen Verteilungen von den theoretischen Verteilungen[327] weisen für alle Jahre deutlich auf Manipulationen hin. Es befinden sich auffällig viele Werte in den höchsten Klassen, wo eigentlich ein stark abnehmender Ver-

---

[324] Vgl. Anhang 13: Empirische Verteilungen nach Manipulation A, S. 90 f.
[325] Vgl. Anhang 14: Vergleich der theoretischen und empirischen Verteilungen nach Manipulation A b), S. 92.
[326] Vgl. Anhang 14: Vergleich der theoretischen und empirischen Verteilungen nach Manipulation A a) und c), S. 92 f.
[327] Vgl. Anhang 15: Abweichungen der empirischen Verteilung von der theoretischen Verteilung nach Manipulation A, S. 94 f.

lauf (symmetrisch zur linken Seite) zu erwarten wäre. Im Jahr 2009 weicht die empirische Verteilung in den besonders relevanten Klassen 17 – 20 deutlich von der theoretischen Verteilung ab. Auffällig ist auch die Tatsache, dass in den drei höchsten Klassen zu wenige Werte vorhanden sind. Insgesamt kann festgehalten werden:

1. Die Kürzung der Spitzenbeträge kann mit der Strukturanalyse aufgedeckt werden.

2. Die empirische Verteilung kann durch eine Manipulation der Spitzenbeträge durch eine theoretische Verteilung reproduziert werden. Die theoretische Verteilung weicht in den hohen Klassen deutlich von der empirischen Verteilung ab.

Schätzungsergebnis:

Die aus den empirischen Verteilungen geschätzten theoretischen Jahresumsätze belaufen sich auf:

	2008	**2009**	**2010**
Geschätzter Jahresumsatz	650.193,08 €	615.418,65 €	747.107,10 €
Tatsächlicher Jahresumsatz	683.536,67 €	675.679,72 €	780.254,48 €
Abweichung vom tatsächlichen Jahresumsatz im Jahr	33.343,59 €	60.261,07 €	33.147,38 €
Prozent vom tatsächlichen Jahresumsatz bei automatischer Schätzung	4,88%	8,92%	4,25%
Prozent vom tatsächlichen Jahresumsatz bei Schätzung mit Originaldaten	4,44%	6,99%	2,56%

Tabelle 2: Schätzergebnis bei Kürzung der Spitzenbeträge um einen gleichbleibenden Betrag.

Insgesamt kann festgehalten werden, dass sich das Ergebnis der Schätzungen nach der Kürzung der Spitzenbeträge verschlechtert. Die Schätzungen mit der Strukturanalyse bei Kürzung der Spitzenbeträge sind zu niedrig.

4.4.4.2 Kürzung der Spitzenbeträge um einen gleichbleibenden Betrag und manuelle Schätzung

Die Tageseinnahmen der einzelnen Geschäftsjahre 2008 bis 2010 werden weiterhin wie in Abschnitt 4.4.4.1 gekürzt (Manipulation A).[328] Die Eckdaten nach der Manipulation sind folglich identisch. Im Unterschied zu Abschnitt 4.4.4.1 werden aber nun die Maximalwerte für die Klassen manuell erhöht (Schritt 2) und die theoretische Verteilung per Handkalibrierung an die empirische Verteilung angepasst (Schritt 6). Dieser Schritt wird durchgeführt, weil die Verprobungsergebnisse aus Abschnitt 4.4.4.1 deutliche Hinweise auf verkürzte Maximalwerte geliefert haben.

Verprobungsergebnis:

Anhand der Diagramme werden die folgenden Sachverhalte beobachtet:

Die Entnahme der Spitzenbeträge führt in allen drei Jahren zu grafischen Auffälligkeiten.[329] Alle drei Verteilungen sind nicht mehr symmetrisch und das rechte Ende der Verteilung weicht erheblich von der linken Seite ab. Es sind zu wenig große Tageseinnahmen vorhanden. In den Jahren 2008 und 2010 sind diese Auffälligkeiten deutlicher ausgeprägt als im Jahr 2009. Die empirischen Verteilungen mit erhöhten Maximalwerten lassen sich, bis auf die Maximalwerte, annähernd durch theoretische Verteilungen reproduzieren.[330] Die Abweichungen der empirischen von den theoretischen Verteilungen[331] weisen auf Manipulationen hin. Die besonders relevanten höchsten Klassen 18 – 20 sind in allen Jahren unterrepräsentiert. Nicht manipulierte Tageseinnahmen weisen tendenziell zu viele Werte in diesen Klassen auf.[332] Insgesamt kann festgehalten werden:

1. Eine Kürzung der Spitzenbeträge kann mit der Strukturanalyse aufgedeckt werden.

2. Nach manueller Anpassung des Maximalwerts und manueller Skalierung können die manipulierten empirischen Verteilungen durch theoretische Verteilungen an-

[328] Vgl. Anhang 12: Tageseinnahmen der Jahre 2008 – 2010 nach Manipulation A, S. 87 ff.
[329] Vgl. Anhang 16: Empirische Verteilungen nach Manipulation A mit manueller Schätzung , S. 96 f.
[330] Vgl. Anhang 17: Vergleich der theoretischen und empirischen Verteilungen nach Manipulation A mit manueller Schätzung, S. 98 f.
[331] Vgl. Anhang 18: Abweichungen der empirischen Verteilung von der theoretischen Verteilung nach Manipulation A mit manueller Schätzung, S. 100 f.
[332] Vgl. Abschnitt 4.4.3.

nähernd reproduziert werden. Die Manipulation wird durch negative Abweichungen der so erzeugten „empirischen" Verteilungen von den theoretischen Verteilungen in den besonders relevanten Klassen 18 – 20 deutlich.

Schätzungsergebnis:

Die aus den empirischen Verteilungen geschätzten theoretischen Jahresumsätze belaufen sich auf:

	2008	2009	2010
Geschätzter Jahresumsatz	640.767,17 €	607.984,61 €	750.540,12 €
Tatsächlicher Jahresumsatz	683.536,67 €	675.679,72 €	780.254,48 €
Abweichung vom tatsächlichen Jahresumsatz im Jahr	42.769,50 €	67.695,11 €	29.714,36 €
Prozent vom tatsächlichen Jahresumsatz bei manueller Schätzung	6,26%	10,02%	3,81%
Prozent vom tatsächlichen Jahresumsatz bei automatischer Schätzung	4,88%	8,92%	4,25%
Prozent vom tatsächlichen Jahresumsatz bei Schätzung mit Originaldaten	4,44%	6,99%	2,56%

Tabelle 3: Schätzergebnis bei Kürzung der Spitzenbeträge um einen gleichbleibenden Betrag bei manueller Schätzung.

Durch die manuelle Schätzung kann sich das Ergebnis einer Schätzung verbessern (siehe 2010), aber auch verschlechtern (siehe 2008 und 2009). Eine manuelle Schätzung führt aber im Falle einer Manipulation der Spitzenbeträge nach wie vor zu einer Unterschätzung des Jahresumsatzes.

4.4.4.3 Kürzung von zufällig ausgewählten Spitzenwerten

Aus den Tageseinnahmen der einzelnen Geschäftsjahre 2008 bis 2010 werden zufällig 16 Tageseinnahmen aus den 21 größten Tageseinnahmen um die Beträge 2000 €, 3000 € oder 4000 € gekürzt (Manipulation B).[333] Insgesamt werden 50.000 € gekürzt. Die Tageseinnahmen weisen nach der Manipulation folgende Eckdaten auf:

Jahresumsatz im Jahr 2008: 633.536,67 Euro

Anzahl der Tageseinnahmen: 359

Jahresumsatz im Jahr 2009: 625.679,72 Euro

Anzahl der Tageseinnahmen: 359

Jahresumsatz im Jahr 2010: 730.254,48 Euro

Anzahl der Tageseinnahmen: 359

<u>Verprobungsergebnis:</u>

Anhand der Diagramme werden die folgenden Sachverhalte beobachtet:

Die Manipulationen führen in den Jahren 2008 bis 2010 zu grafischen Auffälligkeiten bei den empirischen Verteilungen.[334] Alle Verteilungen weisen isolierte Maximalwerte auf, die auf mögliche Manipulationen hindeuten.[335] Die empirischen Verteilungen lassen sich annähernd durch theoretische Verteilungen reproduzieren.[336] Die Abweichungen der empirischen von den theoretischen Verteilungen[337] weisen für alle Jahre deutlich auf Manipulationen hin.[338] Die besonders relevanten Klassen 17 – 20 sind in allen Jahren unterrepräsentiert oder weisen nur annähernd ausreichend Werte auf. In keinem Fall sind zu viele Werte in diesen Klassen vorhanden. Nicht manipulierte Tageseinnahmen weisen aber tendenziell zu viele Werte in diesen

[333] Vgl. Anhang 19: Tageseinnahmen der Jahre 2008 – 2010 nach Manipulation B, S. 102 ff.
[334] Vgl. Anhang 20: Empirische Verteilungen nach Manipulation B, S. 105 f.
[335] Vgl. *Huber*, Prüfungstechnik, 2004, S. 173 f.
[336] Vgl. Anhang 21: Vergleich der theoretischen und empirischen Verteilungen nach Manipulation B, S. 107 f.
[337] Vgl. Anhang 22: Abweichungen der empirischen Verteilung von der theoretischen Verteilung nach Manipulation B, S. 109 f.
[338] Vgl. *Huber*, Prüfungstechnik, 2004, S. 173 f.

Klassen auf.[339] Insgesamt kann festgehalten werden, dass die Kürzung von Spitzenbeträgen mit der Strukturanalyse aufgedeckt werden kann.

<u>Schätzungsergebnis:</u>

Die aus den empirischen Verteilungen geschätzten theoretischen Jahresumsätze belaufen sich auf:

	2008	**2009**	**2010**
Geschätzter Jahresumsatz	638.506,76 €	613.174,21 €	725.749,98 €
Tatsächlicher Jahresumsatz	683.536,67 €	675.679,72 €	780.254,48 €
Abweichung vom tatsächlichen Jahresumsatz im Jahr	45.029,91 €	62.505,51 €	54.504,50 €
Prozent vom tatsächlichen Jahresumsatz bei automatischer Schätzung	6,59%	9,25%	6,99%
Prozent vom tatsächlichen Jahresumsatz bei Schätzung mit Originaldaten	4,44%	6,99%	2,56%

Tabelle 4: Schätzergebnis bei Kürzung von Spitzenbeträgen bei automatischer Schätzung.

Somit kann festgehalten werden, dass sich das Ergebnis der Schätzungen nach der Kürzung von Spitzenbeträgen verschlechtert. Die Schätzungen mit der Strukturanalyse nach der Kürzung von Spitzenbeträgen sind zu niedrig.

4.4.5 Auswertung der praktischen Analyse

Die praktische Analyse zeigt, dass die beiden für die Praxis besonders relevanten Manipulationsmöglichkeiten durch Verprobung der Daten mit der Strukturanalyse schnell lokalisiert und aufgedeckt werden können. Die Schätzungen mit der Strukturanalyse sind ungenau und in allen untersuchten Fällen zu niedrig. Die Abweichungen schwanken zwischen ca. 2,5 % und 10 % der tatsächlichen Tageseinnahmen.

[339] Vgl. Abschnitt 4.4.3.

4.5 Bewertung der Strukturanalyse für die steuerliche Betriebsprüfung

4.5.1 Zusammenfassende Auswertung der Untersuchungsergebnisse

Die Strukturanalyse sollte flächendeckend in der deutschen steuerlichen Betriebsprüfung zu Verprobungszwecken von Tageseinnahmen verwendet werden. Wie in der Analyse aufgezeigt, eignet sich die Methode hervorragend zur zügigen und effektiven Verprobung sowie zur Lokalisation der gängigen Manipulationen im Bereich der Einnahmen von bargeldintensiven Betrieben. Das Verfahren kann, ähnlich wie die Verprobung nach Newcomb-Benford Law, an seine Grenzen stoßen, wenn in einem überschaubaren Rahmen manipuliert wird. Der große Nutzen bei der Beweisführung mittels der Strukturanalyse resultiert daraus, dass nicht nur die Frage beantwortet werden kann, ob ein Steuerpflichtiger seine Einnahmen zutreffend erklärt hat. Darüber hinaus kann auch noch nachgewiesen werden, in welchem Wertebereich eine eventuelle Manipulation vorgenommen wurde. *E. Huber* weist zudem darauf hin, dass Auffälligkeiten bei der Strukturanalyse auch immer Auffälligkeiten bei der digitalen Ziffernanalyse nach sich ziehen, was den Nutzen für die steuerliche Betriebsprüfung nochmals erhöht.[340]

Die Ergebnisse aus der Anwendung der Strukturanalyse müssen richtig interpretiert werden. Eine durch die Strukturanalyse festgestellte Abweichung der Verteilung von Tageslosungen von einer logarithmischen Normalverteilung bzw. eine Abweichung der logarithmierten Tageseinnahmen von der Normalverteilung kann immer nur ein Hinweis und kein definitiver Beweis für eine mögliche Manipulation sein. Eine festgestellte Abweichung muss vom Prüfer zur Lokalisierung von möglichen Manipulationen oder zur Identifikation von betriebsspezifischen Eigenschaften genutzt werden. Mögliche Manipulationen oder betriebsspezifische Eigenschaften können mittels direkter Methoden wie beispielsweise der Einsicht in die Unterlagen oder Befragung des Steuerpflichtigen festgestellt werden.

Ein großer Vorteil der Strukturanalyse ist der wesentlich geringere Informationsbedarf im Vergleich zu anderen Verprobungsmethoden. Die vorgestellte Methode ist weitgehend unabhängig vom Ergebnis der gesamten Buchführung, weil nur die Einnahmen für eine Überprüfung benötigt werden. Aus einem minimalen Wertebedarf ist eine Aussage über die sachlich richtige Verbuchung von Bareinnahmen möglich,

[340] Vgl. *Huber*, Prüfungstechnik, 2009, S. 79.

die besonders im Bereich von KMU und Kleinstbetrieben den größten Risikobereich darstellen.[341] Andere Verprobungsmethoden wie zum Beispiel der Zeitreihenvergleich[342] oder die Vermögenszuwachsrechnung[343] benötigen wesentlich umfassenderes Datenmaterial und zeitintensivere Berechnungen, um eine Aussage über die Richtigkeit der Aufzeichnungen treffen zu können. Hervorzuheben ist außerdem, dass die Strukturanalyse auf betriebsinternen Daten beruht und somit grundsätzlich besser für die Verprobung von Besteuerungsgrundlagen geeignet ist als der äußere Betriebsvergleich.[344] Die Strukturanalyse ist nicht für die Verprobung der Besteuerungsgrundlagen von Großbetrieben geeignet. Die Probleme bei der Besteuerung von Großbetrieben liegen in anderen Bereichen als der zutreffenden Erfassung von Einnahmen.[345]

Aufgrund der bleibenden Unsicherheiten bezüglich der Normalverteilungsannahme und der Tatsache, dass es sich um ein indirektes Prüfverfahren handelt, darf die Strukturanalyse nicht als einzige Verprobungsmethode in einer Betriebsprüfung verwendet werden. Hier sollte der Auffassung von *E. Huber* und *H. Gebbers* gefolgt werden, die den Einsatz eines Prüfungsnetzes fordern, welches aus voneinander unabhängigen Prüfungsmethoden besteht. Die Strukturanalyse sollte daher neben dem Zeitreihenvergleich und der digitalen Ziffernanalyse in den Standardablauf der steuerlichen Betriebsprüfung integriert werden.[346] Das Ergebnis eines solchen Prüfungsnetzes muss aufgrund der zurzeit vorhandenen Rechtsprechung[347] immer mit traditionellen Verprobungsmethoden wie beispielsweise einer Vermögenszuwachs- oder einer Geldverkehrsrechnung zusätzlich untermauert werden.[348]

Um die Aussagekraft der Strukturanalyse zu erhöhen, bedarf es weiterer empirischer Analysen vonseiten der Wissenschaft. Insbesondere die tatsächliche Verteilung von Tageseinnahmen muss empirisch verifiziert werden. Für die Einsetzbarkeit der Strukturanalyse in anderen Prüfbereichen wie z.B. der Überprüfung von Lagerbeständen oder dem Wareneinsatz eines Betriebes sind ebenfalls weitere Untersuchungen nötig. Grundsätzlich dürfte aber auch hier der Einsatz der Strukturanalyse möglich sein.

[341] Vgl. Abschnitt 2.3.
[342] Vgl. Abschnitt 3.2.
[343] Vgl. Abschnitt 2.5.
[344] Vgl. Abschnitt 2.5.
[345] Vgl. Abschnitt 2.3.
[346] Vgl. *Huber*, Herleitung, StBp 2008, S. 281; *Gebbers*, Strukturanalyse, StBp 2007, S. 295 f.
[347] Vgl. Abschnitt 3.
[348] Vgl. *Gebbers*, Strukturanalyse, StBp 2007, S. 295 f.

Zusammenfassend kann festgestellt werden, dass die in § 194 Abs. 1 AO geforderte zutreffende Ermittlung der steuerlichen Verhältnisse mit Hilfe der Strukturanalyse im Bereich der Einnahmenüberprüfung gewährleistet werden kann. Durch das Verfahren können geschickt angelegte Manipulationen mit wenig zeitlichem Aufwand aufgedeckt und somit die Prüfung insgesamt verbessert werden. Innerhalb der steuerlichen Betriebsprüfung erfüllt die Anwendung der Strukturanalyse aufgrund ihrer Aussagekraft zudem eine abschreckende Funktion[349] und kann zur Steuerehrlichkeit beitragen. Unter Einhaltung der Anwendungsprämissen und der richtigen Interpretation der Ergebnisse wird den Bedenken der Beraterschaft und den Steuerpflichtigen gegenüber der Strukturanalyse ausreichend Rechnung getragen. Die Methode kann deshalb zur Verprobung in den Ablauf der steuerlichen Betriebsprüfung integriert werden.

Von Schätzungen der Besteuerungsgrundlagen mit der Strukturanalyse sollte aufgrund der verbleibenden Unsicherheiten bezüglich der Verteilung von Tageseinnahmen und der Untersuchungsergebnisse vorerst Abstand genommen werden.[350] Das vom BFH aufgestellte Ziel der Schätzung, die wirklichen Verhältnisse möglichst zutreffend zu ermitteln, kann von der Strukturanalyse nur unzureichend erfüllt werden. Die Strukturanalyse sollte deshalb nicht zur unmittelbaren Schätzung einsetzt werden. Der Einsatz des Verfahrens sollte der steuerlichen Betriebsprüfung als zusätzliche, interne „Informationsquelle“ [351] dienen und für die Verifizierung von Schätzungen mit traditionellen oder alternativen elektronischen Schätzverfahren herangezogen werden. Insbesondere in Fällen grober Aufzeichnungsmängel kann die Strukturanalyse quantitative Ansatzpunkte für eine schätzungsweise Ermittlung der wahren Besteuerungsgrundlagen liefern.[352] Wie in der empirischen Analyse der Tageseinnahmen festgestellt, liefert eine Schätzung mit der Strukturanalyse tendenziell zu niedrige Ergebnisse.[353] Unter Beachtung dieser Feststellung können mit anderen Methoden ermittelte Schätzergebnisse jedoch zumindest teilweise verifiziert werden.

Bei Schätzungen mit der Strukturanalyse gilt es zu beachten, dass das Verfahren nicht in der Lage ist, den Gesamterfolg eines Betriebs zu schätzen. Bei dem in dieser

---

[349] Vgl. Abschnitt 2.2.
[350] Vgl. Abschnitt 4.4.
[351] *Gebbers*, Strukturanalyse, StBp 2007, S. 296.
[352] Vgl. *Huber*, Risikomanagement, ÖStZ 2008, S. 84 f.
[353] Vgl. Abschnitt 4.4.

Arbeit vorgestellten Verfahren wird daher lediglich die Möglichkeit der Schätzung von Tageseinnahmen aufgezeigt.

4.5.2 Anwendungsempfehlungen

Die von *E. Huber* vorgestellte „Grafische Kontrolle im Wahrscheinlichkeitsnetz“ ist laut eigener Aussage eine recht zeitintensive Methode, die viel Erfahrung vom Prüfer erfordert.[354] Das Arbeiten mit dem Wahrscheinlichkeitsnetz wurde schon von *J. Ernst* in seinen Ausführungen zur Strukturanalyse ausführlich erläutert,[355] konnte sich aber aufgrund der Komplexität nie in der steuerlichen Betriebsprüfung durchsetzen.[356] Das Verfahren wird von der Beraterschaft zu Recht als nicht mehr zeitgemäß eingestuft.[357] Für eine zeitoptimale, effektive steuerliche Betriebsprüfung kommt dieses Verfahren trotz der nachweislich guten Ergebnisse[358] deshalb nicht in Betracht. Das zweite Verfahren „Verprobung und Schätzung durch Überführung in eine Normalverteilung“ von *E. Huber* sollte hingegen in den Standardablauf einer steuerlichen Betriebsprüfung übernommen werden. Mit Hilfe des Excel-Makros der österreichischen Betriebsprüfung oder einer Abwandlung von diesem lassen sich die in Abschnitt 4.5.1 beschriebenen Vorteile der Strukturanalyse für Verprobungs- und Schätzzwecke nutzen.

Wie für alle Schätz- und Verprobungsmethoden gilt auch für die Strukturanalyse, dass die Umstände und Durchführung der Methode für Dritte in nachvollziehbarer Art und Weise dokumentiert werden sollten.[359] Die deutsche Finanzverwaltung sieht sich im Rahmen der digitalen Außenprüfung dazu verpflichtet den Betroffenen die eingesetzten Verfahren transparent zu erläutern.[360] Die Beraterschaft in Österreich beklagt die fehlende Nachvollziehbarkeit der Strukturanalyse. Neben Erläuterungen zu getroffenen mathematisch-theoretischen Annahmen fehlt der Beraterschaft eine genaue Darstellung der Schätzungsparameter und der Berechnungen.[361] Insbesondere weil die Strukturanalyse auf nicht zweifelsfrei belegbaren mathematisch-theoretischen Annahmen basiert, muss bei Anwendung der Strukturanalyse vonseiten

---

[354] Vgl. *Huber*, Prüfungstechnik, 2004, S. 178.
[355] Vgl. *Ernst*, Methoden, 1986, S. 132 ff.
[356] Vgl. *Huber*, Weiterentwicklung, 2009, S. 12.
[357] Vgl. *Hübl*, Praxis, SWK 2005, S. 933 f.
[358] Vgl. *Huber*, Prüfungstechnik, 2004, S. 160 ff.
[359] Vgl. Abschnitt 2.4.2.
[360] Vgl. *Wähnert*, Grenzen, StBp 2008, S. 318.
[361] Vgl. *Hübl*, Praxis, SWK 2005, S. 929 f.; UFSW v. 12.03.2009, RV/0328-W/06, Berufungsentscheidung, S. 13 ff. (Internetquelle).

der steuerlichen Betriebsprüfung eine hohe Transparenz erwartet werden. Dazu gehört die vollständige Offenlegung der Arbeitsschritte und Programme mit deren Hilfe die Strukturanalyse durchgeführt wird. Viele neue Manipulationsmöglichkeiten eröffnen sich durch das Offenlegen der Arbeitsschritte und Programme nicht. Die bei großflächiger Manipulation nötige Anpassung der Tageslosungen an eine logarithmische Normalverteilung ist mit großem Aufwand verbunden und für den „Normalbürger“ nicht durchführbar. Außerdem könnten in einem solchen Fall die vorgenommenen Manipulationen gegebenenfalls durch andere Methoden aufgedeckt werden.

Der Einsatz der Strukturanalyse ist grundsätzlich fehleranfällig. Mögliche Fehlerquellen finden sich insbesondere bei der Implementierung der Daten und bei möglichen Fehldeutungen der Prüfer. Um Fehldeutungen der Prüfer vorzubeugen, müssen diese vor der Anwendung der Strukturanalyse in der steuerlichen Betriebsprüfung qualifiziert geschult werden. Die Prüfer müssen über die einzelnen Gründe für mögliche Abweichungen der Verteilung von Tageseinnahmen von der logarithmischen Normalverteilung aufgeklärt werden und diese richtig interpretieren können. Das Verfahren muss, insbesondere bei der Implementierung der Datenbestände, mit großer Sorgfalt angewendet werden. Durch Weiterentwicklungen der Prüfsoftware sollte sich die Fehleranfälligkeit zudem auf ein akzeptables Maß reduzieren lassen.

5 Abschließende Beurteilung der vorgestellten Methoden und Ausblick

Die in Abschnitt 3 vorgestellten statistisch-mathematischen Methoden werden auch in Zukunft in der steuerlichen Betriebsprüfung insbesondere bei der Überprüfung von KMU und Kleinstbetrieben verstärkt eingesetzt werden. Die von *E. Huber* weiterentwickelte Strukturanalyse dürfte ebenfalls in der deutschen steuerlichen Betriebsprüfung zur Anwendung gelangen. Im Gegensatz zur digitalen Ziffernanalyse ist mit der Strukturanalyse eine direkte Lokalisation auffälliger Elemente möglich. Somit ist bei der Anwendung der Methode mittels moderner EDV eine deutliche Beschleunigung des Ablaufs der Prüfung von bargeldintensiven Unternehmen zu erwarten. Festzuhalten bleibt allerdings, dass noch weitere Analysen über die Verteilung von Tageseinnahmen nötig sind, um den Beweiswert der Strukturanalyse zu erhöhen und um Schätzungen mit dem Verfahren durchführen zu können.

E. Huber fordert zu Recht den Einsatz eines Prüfungsnetzes aus digitaler Ziffernanalyse, dem Zeitreihenvergleich und der Strukturanalyse, da es sich bei diesen um voneinander unabhängige Prüfungsmethoden handelt. Im Idealfall lassen sich mit diesen Methoden innerhalb von kurzer Zeit die betrieblichen Verhältnisse des zu prüfenden Betriebs ermitteln und mögliche betriebliche Besonderheiten oder Manipulationen für intensive, direkte Prüfungen ausfindig machen. Es bleibt festzuhalten, dass keine Methode als führend angesehen werden kann. Jede Methode weist unterschiedliche Stärken und Schwächen auf, wobei die jeweiligen Stärken in einem interaktiven, aus mehreren Methoden bestehenden Prüfungsnetz besonders zur Geltung kommen. Der mehrperspektivische Ansatz schützt insbesondere vor Analysefehlern und verstärkt den Beweiswert.

Ziel der steuerlichen Betriebsprüfung muss es sein, die aktuellen Methoden zu verbessern und weitere elektronische, indirekte Prüfungsmethoden in den Standardablauf einer Betriebsprüfung zu installieren sowie neue Prüffelder zu erschließen. Der Einsatz der statistisch-mathematischen Methoden muss im Manipulationsfall dabei helfen, möglichst zügig und effektiv viele Indizien für Manipulationen ausfindig zu machen, die sich nicht mehr stimmig entkräften lassen. Dafür gilt es die Arbeit der Projektgruppen SRP und NiPt zu intensivieren und deren Optimierungsvorschläge oder neue Methoden, wie beispielsweise die Quantilsschätzung[362], das Schichtprofil[363] oder die Periodenschichtung[364] in der Praxis der steuerlichen Betriebsprüfung zu erproben und gegebenenfalls flächendeckend einzuführen.

Trotz der spürbaren Begeisterung der Finanzverwaltung über die neuen statistisch-mathematischen Verprobungs- und Schätzmethoden muss darauf geachtet werden, dass die Methoden richtig verwendet werden. Die Methoden sind an enge Anwendungsvoraussetzungen geknüpft und können immer nur Indizienwirkung für die Betriebsprüfer haben. Mit statistisch-mathematischen Methoden festgestellte Auffälligkeiten bedeuten nicht zwangsläufig, dass auch tatsächlich manipuliert wurde. Hier gilt es, die Betriebsprüfer ausreichend über die Methoden und ihre Problemfelder zu informieren und fortzubilden. Außerdem müssen bei der Anwendung der Methoden in der steuerlichen Betriebsprüfung immer die betriebsspezifischen Verhältnisse ausreichend berücksichtigt werden. Wenn diese Voraussetzungen nicht beachtet werden, wird die Rechtsprechung auch weiterhin restriktiv über den Einsatz der Methoden urteilen.

Von größter Bedeutung für die erfolgreiche Anwendung von statistisch-mathematischen Methoden in der steuerlichen Betriebsprüfung wird die zukünftige Rechtsprechung des BFH zu den einzelnen Methoden sein. Bis zum jetzigen Zeitpunkt wurde noch kein Gerichtsverfahren über die Anwendbarkeit und die Auswirkungen der statistisch-mathematischen Methoden an den BFH herangetragen und letztlich von diesem beurteilt. Der BFH muss klären, welchen Beweiswert das jeweilige Verfahren zur Widerlegung der Vermutung des § 158 AO hat. Des Weiteren muss der Beweiswert der interaktiven, vonseiten der Finanzverwaltung vorgeschlagenen, Verprobungsnetze geklärt werden. Die Frage, ob und wie mit elektronischen Verfahren durchgeführte Schätzungen in der steuerlichen Betriebsprüfung verwendet werden können, ist ebenfalls noch offen.

Durch die Einführung der E-Bilanz wird die Bedeutung von statistisch-mathematischen Methoden für die gesamte Finanzverwaltung steigen. Die Finanzverwaltung wird durch die umfassende, elektronische Datenübermittlung eine elektronisch auswertbare Datenbasis aufbauen können, die den Einsatz von verschiede-

---

[362] Vgl. *Wähnert*, Quantilsschätzung, BBK 2008, S. 1083 ff.; *Wähnert*, Risikofilterung, StBp 2010, S. 5 f.
[363] Vgl. *Huber*, Weiterentwicklung, 2009, S. 78 ff.
[364] Vgl. *Huber*, Weiterentwicklung, 2009, S. 65 ff.

nen, neuen Abgleich- und Plausibilisierungsmethoden ermöglicht. Es bleibt abzuwarten, welche statistisch-mathematischen Methoden aus der steuerlichen Betriebsprüfung sich für das Auswerten und Überprüfen der E-Bilanzen übernehmen lassen. Definitiv werden sich aufgrund der neuen Datenbasis bessere Einsatzmöglichkeiten für den inneren und äußeren Betriebsvergleich ergeben. Ein möglicher Datenbankaufbau muss allerdings noch durch eine Rechtsverordnung gemäß § 88 Abs. 3 AO durch den Bundesrat und Bundestag legitimiert werden. Hierbei gilt es zu erörtern, auf welcher Datenbasis die Vergleiche aufbauen und welche Vergleichsmaßstäbe angesetzt werden. Zeitreihenvergleiche werden durch die zusätzlichen Daten an Bedeutung gewinnen. Innerhalb weniger Jahre wird die Datenbasis der Finanzverwaltung ausreichend groß sein, um die Methode effektiv auch in der Veranlagung einsetzen zu können.[365] Allerdings sind dort die Auswertungsmöglichkeiten aufgrund der Datenbasis deutlich geringer als in der steuerlichen Betriebsprüfung. Für die Anwendung des Zeitreihenvergleichs muss noch geklärt werden, welche Positionen der E-Bilanz und GuV standardmäßig verprobt und welche Maßstäbe angesetzt werden sollten. Die Methoden der digitalen Ziffernanalyse werden aufgrund ihrer Anforderungen an die Datenbasis vorerst keine Anwendung im Veranlagungsverfahren finden. Für die Durchführung eines Chi-Quadrat-Tests von Endziffern oder den Vergleich von Daten mit dem Newcomb-Benford Law reichen die Daten aus einer E-Bilanz oder einer GuV für eine effektive Verprobung nicht aus und können bestenfalls Anhaltspunkte für intensive Prüfungen liefern.

Ein weiterer Diskussionspunkt wird die Transparenz der steuerlichen Betriebsprüfung sein. Es gilt zu klären, inwieweit die Finanzverwaltung die Anwendung der statistisch-mathematischen Methoden erläutern und gegebenenfalls interne Programme und Makros veröffentlichen muss. Dem Steuerpflichtigen, seinem Berater und den Richtern muss die Möglichkeit gegeben werden, die Arbeit der Betriebsprüfung nachzuvollziehen. Gleichzeitig ist auch die Beraterschaft dazu aufgefordert, sich mit neuen Prüfungstechniken neutral auseinanderzusetzen und nicht nur gegen die Anwendung der Methoden in der steuerlichen Betriebsprüfung zu argumentieren. Eine vollständige Offenlegung der Arbeitsschritte und Programme eröffnet allerdings neue Manipulationsmöglichkeiten. Hier muss eine ausgewogene Balance erreicht werden. Eine wichtige Voraussetzung für die Etablierung der neuen Methoden in der

[365] Vgl. *Herzig/Briesemeister/Schäperclaus*, Steuer-Taxonomie, DB 2010, Beilage Nr. 5, S. 13; *Herzig/Briesemeister/Schäperclaus*, E-Bilanz, DB 2011, S. 8 f.

steuerlichen Betriebsprüfung ist das Einhalten des Gebots der Vollzugsgleichheit im Bundesgebiet. Die bisher auf wenige Bundesländer beschränkte Anwendung der SRP muss flächendeckend in ganz Deutschland übernommen werden.

Anhang

Anhang 1: Beispiel für grafischen Zeitreihenvergleich

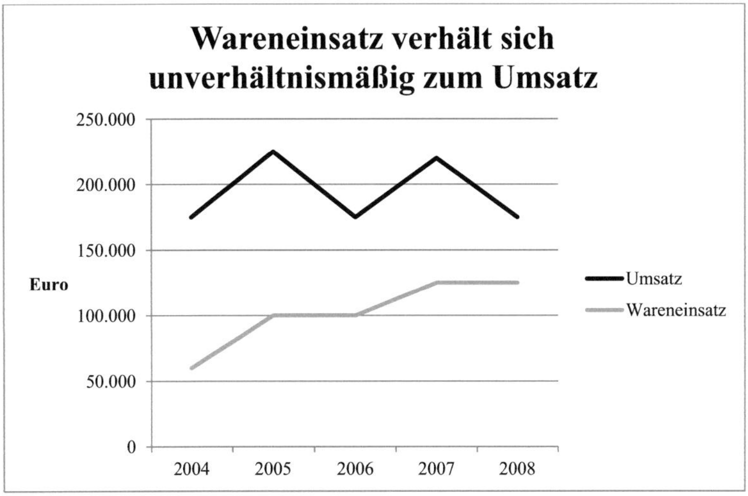

Vgl. *Kratzsch/Rahe*, Methoden, StB 2010, S. 196.

Anhang 2: Beispiel für logarithmischen Zeitreihenvergleich

Grafischer Zeitreihenvergleich	2006	2007	2008
Umsatz	50.000 €	250.000 €	500.000 €
Wareneinsatz	5.000 €	25.000 €	50.000 €

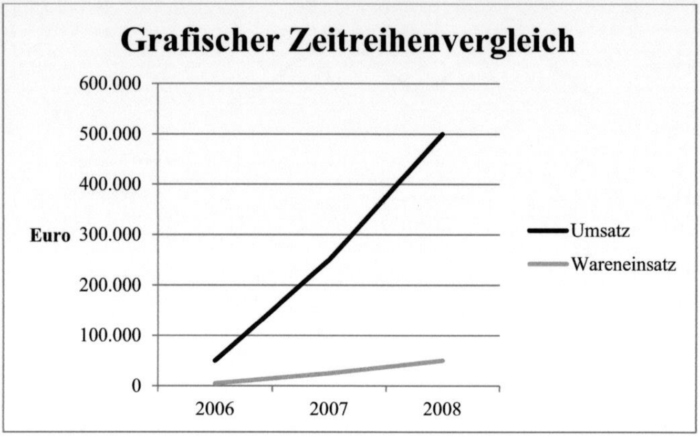

Logarithmischer Zeitreihenvergleich (Logarithmus zur Basis 10 der Ursprungsdaten)	2006	2007	2008
Umsatz	4,69897	5,39794001	5,69897
Wareneinsatz	3,69897	4,39794001	4,69897

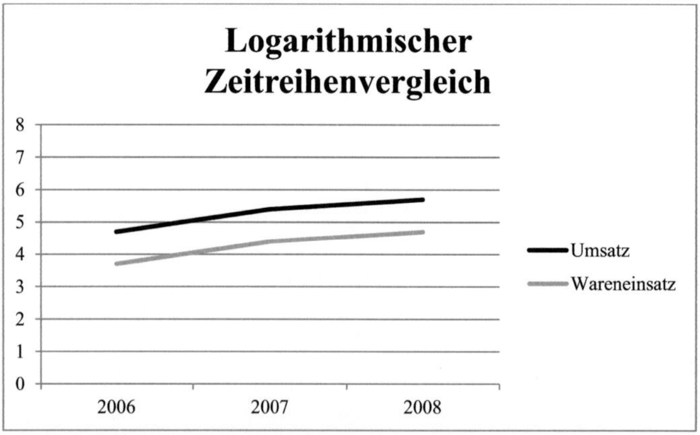

Vgl. *Kratzsch/Rahe*, Methoden, StB 2010, S. 197 f.

Anhang 3: Gleichverteilung von Ziffern

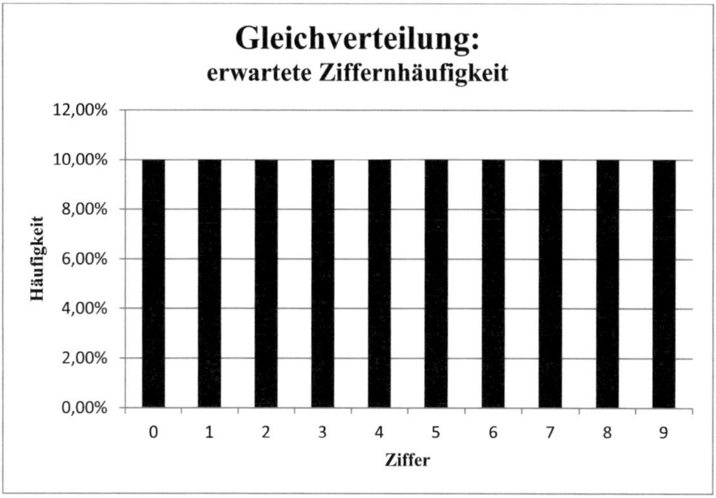

Anhang 4: Benford-Verteilung

Ziffer	Erste Stelle	Zweite Stelle	Dritte Stelle	Vierte Stelle
0		0,1197	0,1018	0,1002
1	0,3010	0,1139	0,1014	0,1001
2	0,1761	0,1088	0,1010	0,1001
3	0,1249	0,1043	0,1006	0,1001
4	0,0969	0,1003	0,1002	0,1000
5	0,0792	0,0967	0,0998	0,1000
6	0,0669	0,0934	0,0994	0,0999
7	0,0580	0,0904	0,0990	0,0999
8	0,0512	0,0876	0,0986	0,0999
9	0,0458	0,0850	0,0983	0,0998

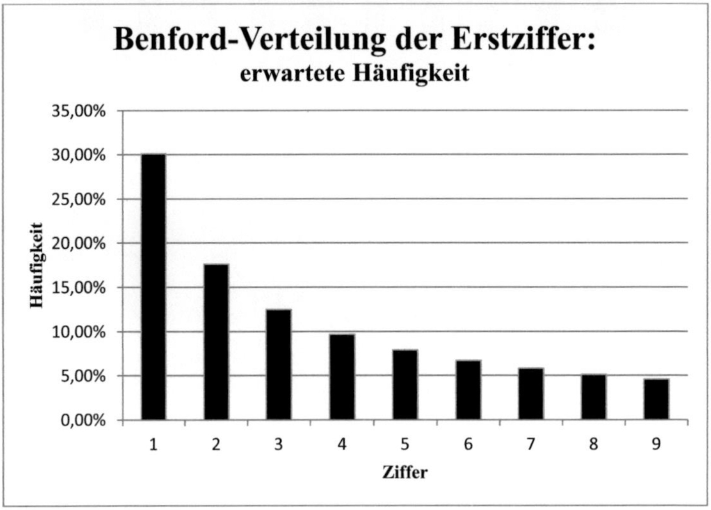

Vgl. *Kratzsch/Rahe*, Methoden, StB 2010, S. 193.

Anhang 5: Formel für die Berechnung der Benford-Verteilung

Die q-te Position innerhalb einer Zahl (von links gelesen) wird als Q-te Stelle bezeichnet.

$$P\,(Z_q) = \frac{\log_{10}\left(\frac{abc...f(g+1)}{abc...fg}\right)}{\log_{10}\left(\frac{abc...f(g+1)}{abc...fg}\right)} \text{ mit } g = 0,1,\ldots,9$$

mit

$Z_q = g =$ Ziffer auf der Q-ten Stelle

a, b, c,..., f sind die Ziffern auf den Stellen, die der Q-ten Stelle vorangehen

(Beispiel: Die Zahl 987 ergibt a = 9, b = 8 und c = 7).

Ausnahme: g = 1, 2,..., 9 für q = 1 (Erste Stelle).

Für q = 1 kann der Nenner des Hauptbruches nicht errechnet werden und wird auf eins gesetzt.

Vgl. *Benford*, Law, Proceedings of the American Philosophical Society 1938, S. 555; *Watrin/Ullmann*, Anwendungsmöglichkeiten, WPg 2009, S. 101 ff.

Anhang 6: Excel-Makro

Excel-Makro für die Berechnung einer theoretischen Normalverteilung zu gegebenen Stützstellen (Bereich), Mittelwert und Standardabweichung:

```
Public Function TheoretischeNormalverteilung(Bereich As Range, Mittelwert#, Standardabweichung#) As Double()

  Dim result#(): ReDim result(1 To Bereich.Cells.Count, 1 To 1)

  Dim tmp_alt#, tmp_neu: tmp_alt = Application.WorksheetFunction.NormDist(Bereich(1), Mittelwert, Standardabweichung, True)

  result(1, 1) = tmp_alt

  Dim i&: For i = 2 To Bereich.Cells.Count

    tmp_neu = Application.WorksheetFunction.NormDist(Bereich(i), Mittelwert, Standardabweichung, True)

    result(i, 1) = tmp_neu - tmp_alt

    tmp_alt = tmp_neu

  Next i

  TheoretischeNormalverteilung = result

End Function
```

Anhang 7: Begründung für geändertes Verfahren

Durchführung der in Abschnitt 4.4.2 erläuterten Schritte mit 400 lognormalverteilten Zufallszahlen mit dem Mittelwert 7,0 und der Standardabweichung 0,5.

Reihenfolge: Erst logarithmieren, dann Klassen erstellen

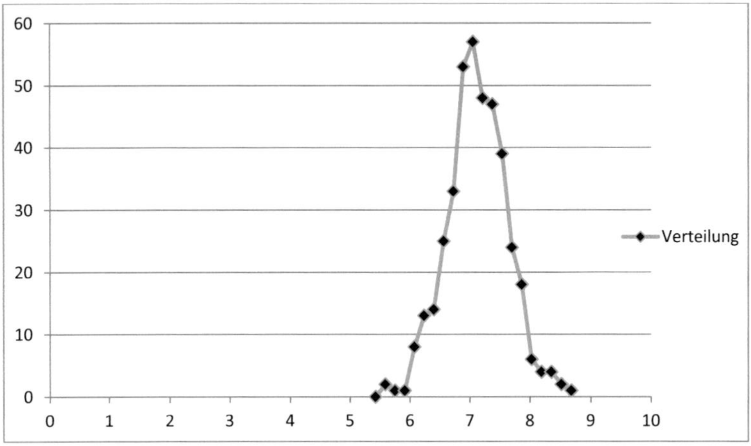

Reihenfolge: Erst Klassen erstellen, dann logarithmieren.

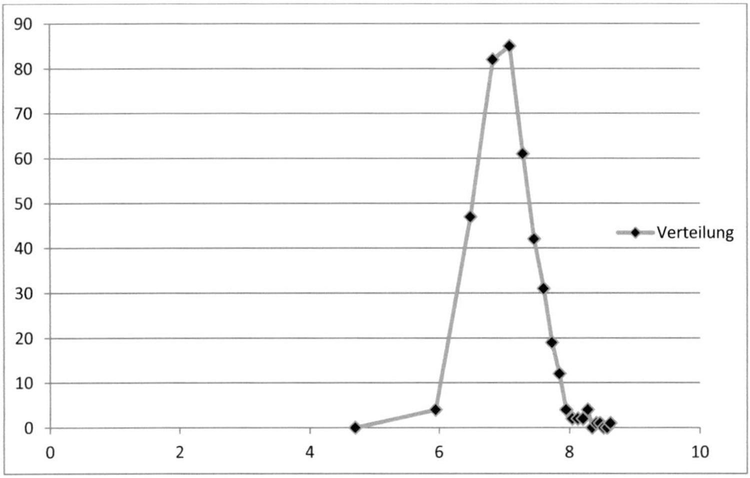

Anhang 8: Tageseinnahmen der Jahre 2008 – 2010

a) Tageseinnahmen 2008:

6.366,35 €	2.859,00 €	2.216,40 €	1.842,95 €	1.596,30 €	1.364,60 €	1.103,10 €	717,30 €
6.079,90 €	2.857,90 €	2.169,40 €	1.842,50 €	1.593,50 €	1.360,10 €	1.098,50 €	686,20 €
5.405,00 €	2.847,90 €	2.157,40 €	1.826,90 €	1.590,60 €	1.359,00 €	1.090,80 €	673,00 €
5.320,90 €	2.834,10 €	2.140,40 €	1.819,10 €	1.580,50 €	1.332,30 €	1.089,30 €	668,80 €
4.977,70 €	2.820,20 €	2.130,70 €	1.812,50 €	1.577,10 €	1.324,70 €	1.087,20 €	630,50 €
4.820,50 €	2.777,10 €	2.126,40 €	1.808,50 €	1.568,00 €	1.324,45 €	1.075,80 €	573,05 €
4.739,10 €	2.772,50 €	2.119,30 €	1.804,70 €	1.567,80 €	1.315,20 €	1.061,90 €	565,80 €
4.691,00 €	2.726,80 €	2.112,90 €	1.788,90 €	1.560,10 €	1.315,20 €	1.058,90 €	509,50 €
4.683,60 €	2.684,50 €	2.089,70 €	1.783,80 €	1.554,20 €	1.306,40 €	1.058,70 €	385,90 €
4.592,10 €	2.679,80 €	2.073,80 €	1.783,80 €	1.548,60 €	1.304,50 €	1.053,60 €	
4.375,30 €	2.660,35 €	2.057,30 €	1.770,70 €	1.544,70 €	1.299,40 €	1.051,30 €	
4.245,50 €	2.651,55 €	2.042,70 €	1.766,40 €	1.541,80 €	1.292,05 €	1.050,90 €	
4.138,60 €	2.646,30 €	2.040,50 €	1.763,30 €	1.536,65 €	1.271,80 €	1.044,65 €	
4.113,70 €	2.639,20 €	2.033,40 €	1.758,35 €	1.529,80 €	1.259,70 €	1.035,80 €	
4.106,40 €	2.625,30 €	2.026,60 €	1.751,50 €	1.523,85 €	1.259,50 €	1.027,30 €	
4.064,90 €	2.623,95 €	2.015,50 €	1.750,65 €	1.522,70 €	1.239,90 €	1.022,10 €	
4.062,40 €	2.617,40 €	1.995,70 €	1.748,70 €	1.514,50 €	1.229,50 €	1.019,80 €	
3.947,40 €	2.614,80 €	1.993,20 €	1.744,90 €	1.510,00 €	1.213,20 €	1.010,90 €	
3.901,10 €	2.592,30 €	1.984,30 €	1.743,25 €	1.502,20 €	1.210,20 €	1.010,10 €	
3.833,20 €	2.578,00 €	1.977,50 €	1.742,20 €	1.498,40 €	1.197,50 €	1.009,55 €	
3.725,00 €	2.568,60 €	1.971,60 €	1.741,60 €	1.494,10 €	1.193,60 €	1.005,60 €	
3.659,90 €	2.509,00 €	1.971,20 €	1.741,50 €	1.491,00 €	1.189,60 €	1.000,80 €	
3.610,00 €	2.495,70 €	1.966,45 €	1.730,05 €	1.487,00 €	1.189,00 €	993,95 €	
3.408,70 €	2.473,80 €	1.961,40 €	1.724,90 €	1.485,80 €	1.186,80 €	987,10 €	
3.404,01 €	2.468,80 €	1.957,70 €	1.706,30 €	1.479,80 €	1.181,70 €	980,50 €	
3.338,95 €	2.444,30 €	1.956,60 €	1.701,50 €	1.477,90 €	1.181,10 €	975,60 €	
3.313,25 €	2.427,00 €	1.953,50 €	1.680,30 €	1.476,20 €	1.178,00 €	975,40 €	
3.299,90 €	2.423,30 €	1.948,50 €	1.678,50 €	1.461,05 €	1.176,80 €	969,90 €	
3.293,90 €	2.403,90 €	1.947,20 €	1.678,40 €	1.453,60 €	1.170,00 €	963,10 €	
3.286,20 €	2.403,20 €	1.945,00 €	1.676,60 €	1.452,30 €	1.167,30 €	936,40 €	
3.269,50 €	2.389,90 €	1.943,60 €	1.675,10 €	1.451,70 €	1.164,35 €	929,90 €	
3.238,50 €	2.374,90 €	1.933,99 €	1.670,10 €	1.450,10 €	1.163,80 €	926,40 €	
3.213,70 €	2.360,70 €	1.926,80 €	1.667,20 €	1.449,70 €	1.157,10 €	912,50 €	
3.178,20 €	2.341,25 €	1.925,10 €	1.656,50 €	1.445,30 €	1.155,40 €	882,10 €	
3.149,60 €	2.330,70 €	1.918,80 €	1.652,80 €	1.440,90 €	1.153,05 €	879,80 €	
3.129,20 €	2.328,45 €	1.917,90 €	1.652,00 €	1.431,10 €	1.148,35 €	872,50 €	
3.083,95 €	2.292,90 €	1.907,20 €	1.651,80 €	1.429,80 €	1.147,97 €	872,40 €	
3.067,70 €	2.288,30 €	1.903,30 €	1.645,10 €	1.416,20 €	1.146,10 €	866,90 €	
3.016,05 €	2.288,30 €	1.897,80 €	1.644,80 €	1.415,40 €	1.145,40 €	850,20 €	
3.011,70 €	2.264,50 €	1.891,20 €	1.642,30 €	1.411,30 €	1.138,20 €	838,00 €	
3.011,40 €	2.264,50 €	1.879,50 €	1.641,00 €	1.409,30 €	1.133,90 €	836,30 €	
2.971,60 €	2.263,25 €	1.876,40 €	1.636,90 €	1.396,05 €	1.133,20 €	831,10 €	
2.971,05 €	2.263,25 €	1.874,30 €	1.631,00 €	1.393,95 €	1.128,60 €	827,85 €	
2.962,35 €	2.262,00 €	1.869,50 €	1.629,90 €	1.392,90 €	1.125,70 €	810,00 €	
2.951,30 €	2.262,00 €	1.869,30 €	1.620,20 €	1.391,50 €	1.121,20 €	784,10 €	
2.923,30 €	2.241,60 €	1.868,80 €	1.611,90 €	1.390,60 €	1.113,20 €	774,80 €	
2.901,20 €	2.241,60 €	1.865,70 €	1.611,20 €	1.387,20 €	1.112,90 €	764,45 €	
2.890,10 €	2.227,10 €	1.853,70 €	1.610,05 €	1.384,30 €	1.112,50 €	750,50 €	
2.869,00 €	2.227,10 €	1.851,10 €	1.609,30 €	1.372,70 €	1.111,80 €	749,70 €	
2.861,95 €	2.217,30 €	1.846,00 €	1.609,00 €	1.366,30 €	1.107,60 €	743,20 €	

b) Tageseinnahmen 2009:

8.303,40 €	2.925,40 €	2.132,40 €	1.754,80 €	1.473,50 €	1.240,50 €	988,40 €	661,90 €
8.278,60 €	2.882,85 €	2.130,45 €	1.747,90 €	1.455,80 €	1.236,30 €	977,20 €	643,00 €
8.167,75 €	2.867,10 €	2.101,00 €	1.732,90 €	1.449,30 €	1.233,10 €	974,80 €	622,80 €
7.248,00 €	2.828,70 €	2.083,80 €	1.730,10 €	1.445,80 €	1.218,10 €	967,50 €	617,50 €
5.752,70 €	2.789,45 €	2.075,20 €	1.725,80 €	1.434,30 €	1.217,90 €	967,50 €	612,70 €
5.738,00 €	2.766,91 €	2.074,80 €	1.720,20 €	1.433,50 €	1.210,30 €	966,90 €	611,10 €
5.055,80 €	2.732,80 €	2.064,80 €	1.717,30 €	1.433,45 €	1.198,80 €	961,15 €	593,20 €
4.999,80 €	2.731,10 €	2.056,40 €	1.710,20 €	1.429,50 €	1.197,30 €	956,60 €	544,40 €
4.821,30 €	2.720,70 €	2.056,10 €	1.708,40 €	1.424,00 €	1.196,00 €	951,45 €	522,40 €
4.590,70 €	2.714,60 €	2.040,80 €	1.705,50 €	1.421,60 €	1.191,00 €	947,10 €	
4.421,70 €	2.713,70 €	2.031,90 €	1.705,00 €	1.415,35 €	1.181,70 €	936,10 €	
4.387,60 €	2.657,90 €	2.023,65 €	1.701,80 €	1.413,30 €	1.180,40 €	935,20 €	
4.363,60 €	2.597,20 €	2.012,10 €	1.690,40 €	1.411,40 €	1.177,10 €	931,30 €	
4.286,10 €	2.586,45 €	2.009,30 €	1.685,90 €	1.409,00 €	1.164,90 €	920,90 €	
4.252,10 €	2.574,89 €	1.984,10 €	1.676,60 €	1.407,30 €	1.164,80 €	918,40 €	
4.125,60 €	2.574,50 €	1.978,80 €	1.673,00 €	1.406,00 €	1.159,90 €	917,40 €	
4.071,90 €	2.561,00 €	1.975,20 €	1.671,70 €	1.399,90 €	1.157,20 €	914,20 €	
4.046,60 €	2.549,80 €	1.974,20 €	1.670,00 €	1.399,20 €	1.156,30 €	912,30 €	
4.001,42 €	2.546,40 €	1.953,10 €	1.665,80 €	1.394,30 €	1.144,40 €	909,10 €	
3.729,35 €	2.545,00 €	1.951,20 €	1.651,50 €	1.386,75 €	1.143,70 €	907,15 €	
3.678,50 €	2.543,80 €	1.934,30 €	1.635,75 €	1.386,70 €	1.133,80 €	901,20 €	
3.639,05 €	2.527,30 €	1.921,10 €	1.635,55 €	1.379,95 €	1.126,80 €	901,20 €	
3.617,80 €	2.513,90 €	1.912,30 €	1.622,10 €	1.374,90 €	1.125,60 €	899,90 €	
3.601,36 €	2.507,30 €	1.906,40 €	1.605,55 €	1.373,50 €	1.117,00 €	887,20 €	
3.596,60 €	2.499,80 €	1.897,40 €	1.598,60 €	1.371,60 €	1.111,10 €	884,90 €	
3.577,80 €	2.497,00 €	1.889,80 €	1.595,85 €	1.368,50 €	1.103,90 €	881,90 €	
3.512,00 €	2.435,40 €	1.881,60 €	1.593,50 €	1.363,00 €	1.094,80 €	878,00 €	
3.494,00 €	2.434,70 €	1.869,00 €	1.581,70 €	1.362,30 €	1.087,20 €	873,80 €	
3.477,60 €	2.434,40 €	1.849,80 €	1.580,40 €	1.352,60 €	1.085,40 €	866,00 €	
3.476,20 €	2.433,10 €	1.848,40 €	1.579,60 €	1.350,20 €	1.081,20 €	855,50 €	
3.450,20 €	2.420,00 €	1.844,95 €	1.577,50 €	1.344,50 €	1.075,70 €	854,10 €	
3.415,50 €	2.408,20 €	1.844,40 €	1.569,60 €	1.341,90 €	1.069,80 €	852,95 €	
3.399,70 €	2.407,05 €	1.839,50 €	1.566,80 €	1.334,00 €	1.069,45 €	846,50 €	
3.384,30 €	2.381,90 €	1.825,70 €	1.562,30 €	1.333,40 €	1.067,70 €	814,50 €	
3.377,50 €	2.362,20 €	1.825,10 €	1.559,50 €	1.318,80 €	1.062,80 €	805,70 €	
3.367,10 €	2.347,95 €	1.823,60 €	1.544,10 €	1.312,35 €	1.061,30 €	802,70 €	
3.285,05 €	2.340,45 €	1.823,00 €	1.543,85 €	1.309,00 €	1.056,00 €	794,65 €	
3.242,60 €	2.308,70 €	1.811,90 €	1.541,30 €	1.306,20 €	1.051,50 €	785,50 €	
3.147,00 €	2.304,10 €	1.804,90 €	1.524,50 €	1.304,70 €	1.048,90 €	784,30 €	
3.107,90 €	2.281,05 €	1.804,10 €	1.524,20 €	1.301,15 €	1.033,40 €	775,50 €	
3.060,45 €	2.274,70 €	1.793,50 €	1.522,20 €	1.298,00 €	1.019,60 €	774,30 €	
3.041,80 €	2.235,55 €	1.790,00 €	1.518,20 €	1.295,00 €	1.011,40 €	760,20 €	
2.997,65 €	2.226,30 €	1.789,20 €	1.516,50 €	1.292,00 €	1.009,60 €	752,60 €	
2.991,30 €	2.203,30 €	1.789,00 €	1.510,30 €	1.291,45 €	1.007,30 €	727,30 €	
2.984,25 €	2.187,10 €	1.787,50 €	1.510,00 €	1.282,70 €	1.001,00 €	719,40 €	
2.971,80 €	2.170,55 €	1.787,20 €	1.504,40 €	1.282,09 €	1.000,40 €	699,60 €	
2.953,00 €	2.157,90 €	1.778,40 €	1.503,70 €	1.279,10 €	1.000,20 €	691,70 €	
2.949,20 €	2.156,60 €	1.762,20 €	1.495,40 €	1.250,90 €	999,90 €	681,90 €	
2.926,80 €	2.154,50 €	1.759,40 €	1.478,70 €	1.249,50 €	993,40 €	667,50 €	
2.926,10 €	2.141,00 €	1.756,70 €	1.477,10 €	1.245,80 €	992,40 €	664,70 €	

c) Tageseinnahmen 2010:

7.780,60 €	3.526,40 €	2.578,10 €	2.058,90 €	1.714,00 €	1.418,00 €	1.129,30 €	686,20 €
6.336,50 €	3.508,15 €	2.563,80 €	2.057,80 €	1.713,05 €	1.410,90 €	1.123,58 €	671,50 €
6.164,05 €	3.437,30 €	2.557,50 €	2.037,80 €	1.710,10 €	1.410,50 €	1.122,40 €	636,90 €
5.932,35 €	3.383,10 €	2.544,70 €	2.031,80 €	1.699,10 €	1.403,30 €	1.118,10 €	633,80 €
5.666,10 €	3.374,10 €	2.540,10 €	2.013,20 €	1.693,70 €	1.402,80 €	1.118,00 €	617,50 €
5.655,55 €	3.341,00 €	2.529,10 €	2.005,60 €	1.677,10 €	1.400,00 €	1.116,80 €	526,70 €
5.608,50 €	3.322,10 €	2.511,40 €	1.979,60 €	1.672,70 €	1.394,20 €	1.105,70 €	458,30 €
5.471,60 €	3.312,60 €	2.511,30 €	1.976,00 €	1.665,00 €	1.391,70 €	1.086,80 €	450,60 €
5.396,50 €	3.268,90 €	2.497,20 €	1.968,60 €	1.663,70 €	1.388,50 €	1.068,50 €	447,80 €
5.389,30 €	3.202,00 €	2.488,90 €	1.961,30 €	1.663,20 €	1.383,80 €	1.067,90 €	
5.290,30 €	3.172,70 €	2.486,40 €	1.956,50 €	1.653,40 €	1.379,00 €	1.064,50 €	
5.265,10 €	3.165,00 €	2.464,70 €	1.948,80 €	1.646,40 €	1.375,80 €	1.063,20 €	
5.244,70 €	3.158,70 €	2.457,30 €	1.937,00 €	1.632,30 €	1.356,80 €	1.058,20 €	
5.221,10 €	3.137,50 €	2.453,50 €	1.926,40 €	1.624,00 €	1.351,50 €	1.058,20 €	
5.124,20 €	3.128,90 €	2.439,20 €	1.915,50 €	1.612,20 €	1.351,30 €	1.048,00 €	
5.043,10 €	3.121,00 €	2.403,20 €	1.911,00 €	1.604,00 €	1.342,50 €	1.045,70 €	
5.022,50 €	3.118,80 €	2.401,80 €	1.910,40 €	1.595,40 €	1.338,90 €	1.038,40 €	
4.804,50 €	3.088,90 €	2.326,20 €	1.908,30 €	1.591,80 €	1.333,20 €	1.034,85 €	
4.773,70 €	3.040,80 €	2.319,50 €	1.907,60 €	1.583,75 €	1.322,20 €	1.025,70 €	
4.713,40 €	3.024,00 €	2.314,00 €	1.903,90 €	1.582,85 €	1.318,70 €	1.020,00 €	
4.644,30 €	3.016,90 €	2.298,90 €	1.900,60 €	1.582,80 €	1.316,70 €	1.004,95 €	
4.489,30 €	3.012,50 €	2.277,75 €	1.893,70 €	1.572,20 €	1.294,10 €	998,10 €	
4.399,90 €	3.003,10 €	2.276,90 €	1.891,10 €	1.569,20 €	1.276,80 €	995,10 €	
4.368,30 €	3.002,90 €	2.272,70 €	1.890,30 €	1.561,40 €	1.273,20 €	993,10 €	
4.342,00 €	2.964,90 €	2.259,90 €	1.883,80 €	1.559,90 €	1.260,40 €	983,30 €	
4.304,50 €	2.955,67 €	2.253,00 €	1.878,70 €	1.554,50 €	1.253,90 €	982,30 €	
4.279,40 €	2.948,10 €	2.252,00 €	1.878,00 €	1.547,00 €	1.252,60 €	974,50 €	
4.208,50 €	2.923,20 €	2.250,80 €	1.863,10 €	1.535,60 €	1.242,70 €	948,30 €	
4.121,10 €	2.902,00 €	2.228,00 €	1.852,60 €	1.535,00 €	1.242,00 €	938,90 €	
4.099,45 €	2.867,50 €	2.225,10 €	1.847,80 €	1.533,90 €	1.237,70 €	936,40 €	
4.097,90 €	2.857,10 €	2.216,60 €	1.836,10 €	1.529,70 €	1.231,70 €	932,20 €	
4.001,00 €	2.850,90 €	2.215,85 €	1.827,10 €	1.527,90 €	1.227,50 €	915,30 €	
3.976,20 €	2.809,20 €	2.194,50 €	1.815,30 €	1.518,50 €	1.227,10 €	913,00 €	
3.931,30 €	2.791,30 €	2.194,00 €	1.800,20 €	1.517,30 €	1.225,10 €	903,80 €	
3.922,00 €	2.766,60 €	2.184,60 €	1.799,50 €	1.515,50 €	1.220,40 €	873,00 €	
3.907,80 €	2.759,40 €	2.176,38 €	1.794,20 €	1.512,40 €	1.203,80 €	860,90 €	
3.904,00 €	2.755,40 €	2.150,75 €	1.774,40 €	1.512,10 €	1.192,00 €	850,30 €	
3.866,65 €	2.681,80 €	2.132,50 €	1.768,10 €	1.502,70 €	1.191,30 €	848,80 €	
3.843,30 €	2.670,40 €	2.127,05 €	1.768,00 €	1.497,50 €	1.186,90 €	839,70 €	
3.830,30 €	2.662,70 €	2.126,30 €	1.765,60 €	1.490,70 €	1.180,80 €	834,20 €	
3.772,70 €	2.645,40 €	2.118,40 €	1.765,40 €	1.484,30 €	1.164,70 €	814,70 €	
3.770,35 €	2.633,10 €	2.106,50 €	1.759,30 €	1.456,50 €	1.159,60 €	800,00 €	
3.759,60 €	2.625,70 €	2.105,50 €	1.755,70 €	1.453,70 €	1.158,60 €	789,10 €	
3.746,30 €	2.623,90 €	2.102,70 €	1.753,00 €	1.452,20 €	1.155,80 €	786,30 €	
3.678,90 €	2.619,70 €	2.098,10 €	1.748,30 €	1.451,90 €	1.154,60 €	781,40 €	
3.674,20 €	2.615,30 €	2.087,00 €	1.745,10 €	1.451,00 €	1.154,20 €	771,00 €	
3.657,20 €	2.607,60 €	2.082,30 €	1.735,50 €	1.441,50 €	1.141,70 €	746,20 €	
3.649,20 €	2.603,50 €	2.077,00 €	1.730,90 €	1.437,00 €	1.137,10 €	737,30 €	
3.594,70 €	2.589,60 €	2.069,75 €	1.729,50 €	1.433,00 €	1.132,70 €	701,80 €	
3.586,50 €	2.582,10 €	2.058,90 €	1.715,80 €	1.423,00 €	1.131,90 €	698,30 €	

Anhang 9: Empirische Verteilungen (Originaldaten)

a) Empirische Verteilung 2008 (Originaldaten)

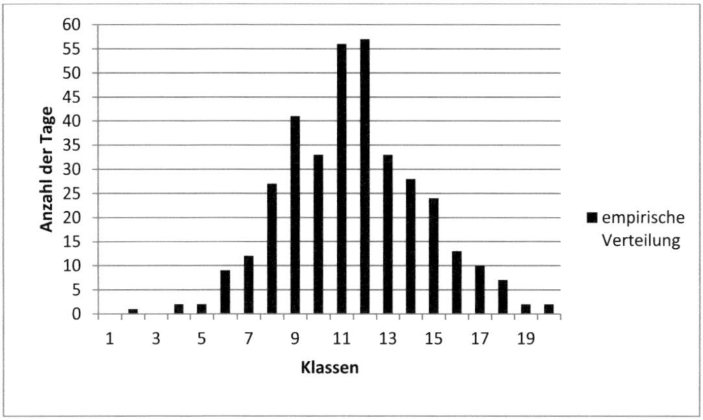

b) Empirische Verteilung 2009 (Originaldaten)

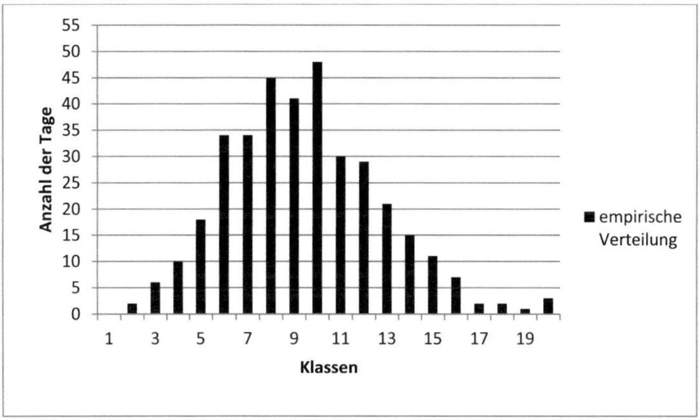

c) Empirische Verteilung 2010 (Originaldaten)

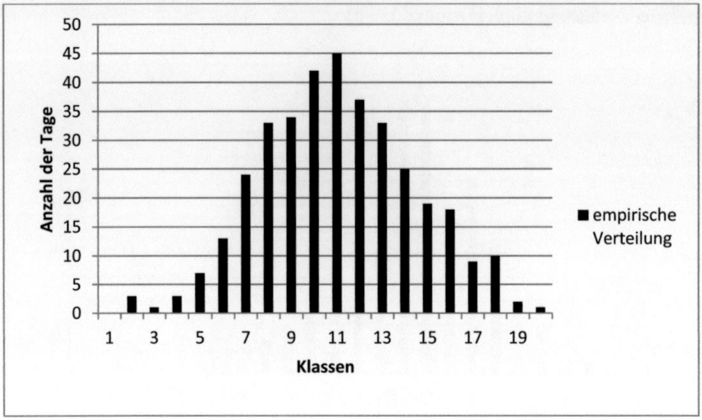

Anhang 10: Vergleich der theoretischen und empirischen Verteilungen (Originaldaten)

a) Vergleich der theoretischen und empirischen Verteilungen 2008 (Originaldaten)

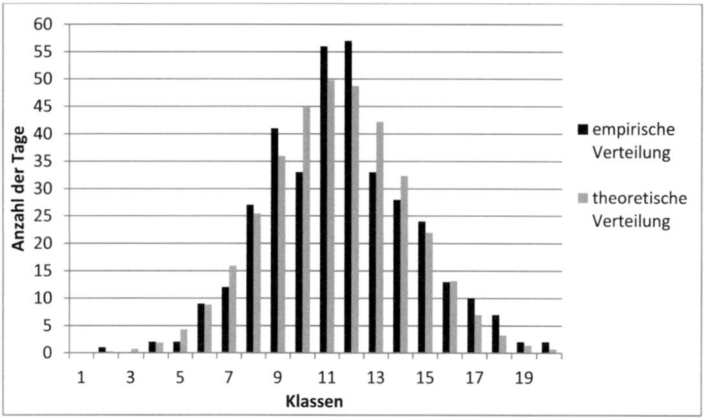

b) Vergleich der theoretischen und empirischen Verteilungen 2009 (Originaldaten)

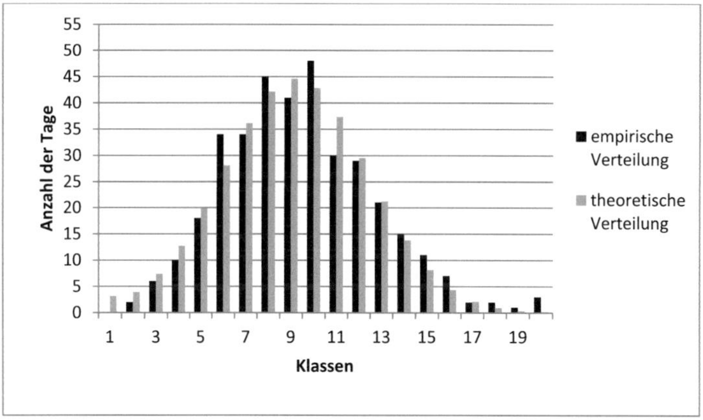

c) Vergleich der theoretischen und empirischen Verteilungen 2010 (Originaldaten)

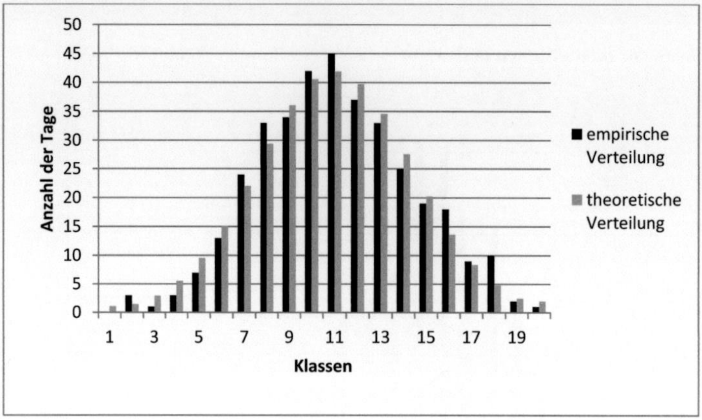

Anhang 11: Abweichungen der empirischen Verteilung von der theoretischen Verteilung (Originaldaten)

a) Abweichungen der empirischen Verteilung von der theoretischen Verteilung 2008 (Originaldaten)

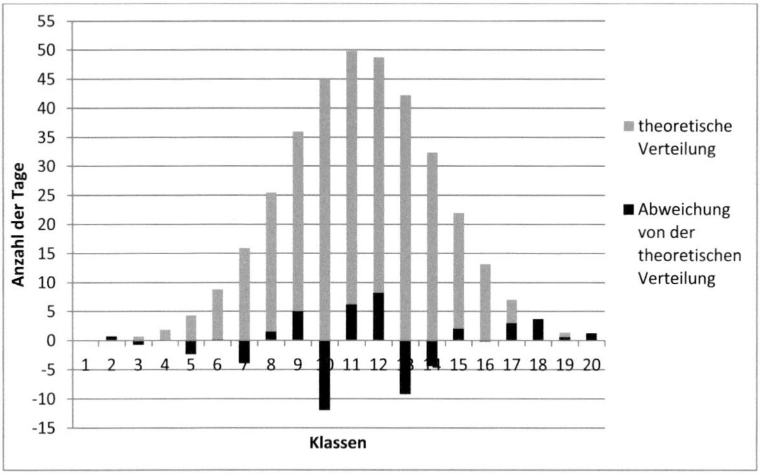

b) Abweichungen der empirischen Verteilung von der theoretischen Verteilung 2009 (Originaldaten)

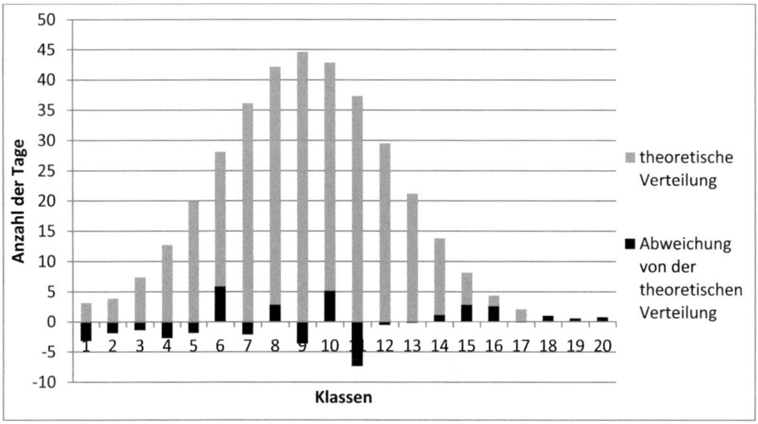

c) Abweichungen der empirischen Verteilung von der theoretischen Verteilung 2010 (Originaldaten)

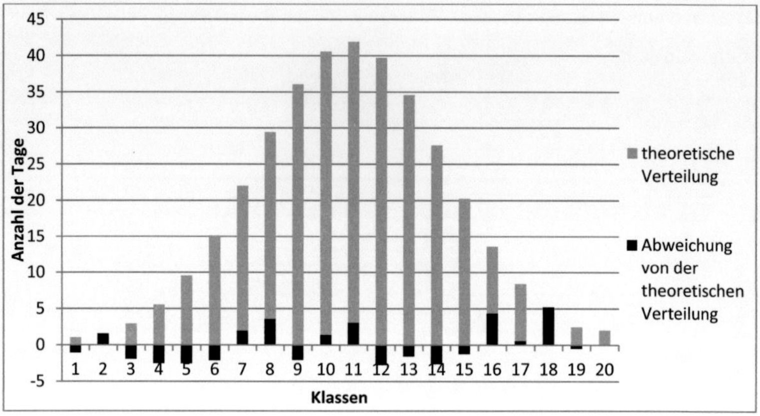

Anhang 12: Tageseinnahmen der Jahre 2008 – 2010 nach Manipulation A

a) Tageseinnahmen 2008 nach Manipulation A:

3.366,35 €	2.859,00 €	2.216,40 €	1.842,95 €	1.596,30 €	1.364,60 €	1.103,10 €	717,30 €
3.079,90 €	2.857,90 €	2.169,40 €	1.842,50 €	1.593,50 €	1.360,10 €	1.098,50 €	686,20 €
2.405,00 €	2.847,90 €	2.157,40 €	1.826,90 €	1.590,60 €	1.359,00 €	1.090,80 €	673,00 €
2.320,90 €	2.834,10 €	2.140,40 €	1.819,10 €	1.580,50 €	1.332,30 €	1.089,30 €	668,80 €
1.977,70 €	2.820,20 €	2.130,70 €	1.812,50 €	1.577,10 €	1.324,70 €	1.087,20 €	630,50 €
1.820,50 €	2.777,10 €	2.126,40 €	1.808,50 €	1.568,00 €	1.324,45 €	1.075,80 €	573,05 €
1.739,10 €	2.772,50 €	2.119,30 €	1.804,70 €	1.567,80 €	1.315,20 €	1.061,90 €	565,80 €
1.691,00 €	2.726,80 €	2.112,90 €	1.788,90 €	1.560,10 €	1.315,20 €	1.058,90 €	509,50 €
1.683,60 €	2.684,50 €	2.089,70 €	1.783,80 €	1.554,20 €	1.306,40 €	1.058,70 €	385,90 €
1.592,10 €	2.679,80 €	2.073,80 €	1.783,80 €	1.548,60 €	1.304,50 €	1.053,60 €	
1.375,30 €	2.660,35 €	2.057,30 €	1.770,70 €	1.544,70 €	1.299,40 €	1.051,30 €	
1.245,50 €	2.651,55 €	2.042,70 €	1.766,40 €	1.541,80 €	1.292,05 €	1.050,90 €	
1.138,60 €	2.646,30 €	2.040,50 €	1.763,30 €	1.536,65 €	1.271,80 €	1.044,65 €	
1.113,70 €	2.639,20 €	2.033,40 €	1.758,35 €	1.529,80 €	1.259,70 €	1.035,80 €	
1.106,40 €	2.625,30 €	2.026,60 €	1.751,50 €	1.523,85 €	1.259,50 €	1.027,30 €	
1.064,90 €	2.623,95 €	2.015,50 €	1.750,65 €	1.522,70 €	1.239,90 €	1.022,10 €	
1.062,40 €	2.617,40 €	1.995,70 €	1.748,70 €	1.514,50 €	1.229,50 €	1.019,80 €	
947,40 €	2.614,80 €	1.993,20 €	1.744,90 €	1.510,00 €	1.213,20 €	1.010,90 €	
901,10 €	2.592,30 €	1.984,30 €	1.743,25 €	1.502,20 €	1.210,20 €	1.010,10 €	
833,20 €	2.578,00 €	1.977,50 €	1.742,20 €	1.498,40 €	1.197,50 €	1.009,55 €	
3.725,00 €	2.568,60 €	1.971,60 €	1.741,60 €	1.494,10 €	1.193,60 €	1.005,60 €	
3.659,90 €	2.509,00 €	1.971,20 €	1.741,50 €	1.491,00 €	1.189,60 €	1.000,80 €	
3.610,00 €	2.495,70 €	1.966,45 €	1.730,05 €	1.487,00 €	1.189,00 €	993,95 €	
3.408,70 €	2.473,80 €	1.961,40 €	1.724,90 €	1.485,80 €	1.186,80 €	987,10 €	
3.404,01 €	2.468,80 €	1.957,70 €	1.706,30 €	1.479,80 €	1.181,70 €	980,50 €	
3.338,95 €	2.444,30 €	1.956,60 €	1.701,50 €	1.477,90 €	1.181,10 €	975,60 €	
3.313,25 €	2.427,00 €	1.953,50 €	1.680,30 €	1.476,20 €	1.178,00 €	975,40 €	
3.299,90 €	2.423,30 €	1.948,50 €	1.678,50 €	1.461,05 €	1.176,80 €	969,90 €	
3.293,90 €	2.403,90 €	1.947,20 €	1.678,40 €	1.453,60 €	1.170,00 €	963,10 €	
3.286,20 €	2.403,20 €	1.945,00 €	1.676,60 €	1.452,30 €	1.167,30 €	936,40 €	
3.269,50 €	2.389,90 €	1.943,60 €	1.675,10 €	1.451,70 €	1.164,35 €	929,90 €	
3.238,50 €	2.374,90 €	1.933,99 €	1.670,10 €	1.450,10 €	1.163,80 €	926,40 €	
3.213,70 €	2.360,70 €	1.926,80 €	1.667,20 €	1.449,70 €	1.157,10 €	912,50 €	
3.178,20 €	2.341,25 €	1.925,10 €	1.656,50 €	1.445,30 €	1.155,40 €	882,10 €	
3.149,60 €	2.330,70 €	1.918,80 €	1.652,80 €	1.440,90 €	1.153,05 €	879,80 €	
3.129,20 €	2.328,45 €	1.917,90 €	1.652,00 €	1.431,10 €	1.148,35 €	872,50 €	
3.083,95 €	2.292,90 €	1.907,20 €	1.651,80 €	1.429,80 €	1.147,97 €	872,40 €	
3.067,70 €	2.288,30 €	1.903,30 €	1.645,10 €	1.416,20 €	1.146,10 €	866,90 €	
3.016,05 €	2.288,30 €	1.897,80 €	1.644,80 €	1.415,40 €	1.145,40 €	850,20 €	
3.011,70 €	2.264,50 €	1.891,20 €	1.642,30 €	1.411,30 €	1.138,20 €	838,00 €	
3.011,40 €	2.264,50 €	1.879,50 €	1.641,00 €	1.409,30 €	1.133,90 €	836,30 €	
2.971,60 €	2.263,25 €	1.876,40 €	1.636,90 €	1.396,05 €	1.133,20 €	831,10 €	
2.971,05 €	2.263,25 €	1.874,30 €	1.631,00 €	1.393,95 €	1.128,60 €	827,85 €	
2.962,35 €	2.262,00 €	1.869,50 €	1.629,90 €	1.392,90 €	1.125,70 €	810,00 €	
2.951,30 €	2.262,00 €	1.869,30 €	1.620,20 €	1.391,50 €	1.121,20 €	784,10 €	
2.923,30 €	2.241,60 €	1.868,80 €	1.611,90 €	1.390,60 €	1.113,20 €	774,80 €	
2.901,20 €	2.241,60 €	1.865,70 €	1.611,20 €	1.387,20 €	1.112,90 €	764,45 €	
2.890,10 €	2.227,10 €	1.853,70 €	1.610,05 €	1.384,30 €	1.112,50 €	750,50 €	
2.869,00 €	2.227,10 €	1.851,10 €	1.609,30 €	1.372,70 €	1.111,80 €	749,70 €	
2.861,95 €	2.217,30 €	1.846,00 €	1.609,00 €	1.366,30 €	1.107,60 €	743,20 €	

b) Tageseinnahmen 2009 nach Manipulation A:

5.303,40 €	2.925,40 €	2.132,40 €	1.754,80 €	1.473,50 €	1.240,50 €	988,40 €	661,90 €
5.278,60 €	2.882,85 €	2.130,45 €	1.747,90 €	1.455,80 €	1.236,30 €	977,20 €	643,00 €
5.167,75 €	2.867,10 €	2.101,00 €	1.732,90 €	1.449,30 €	1.233,10 €	974,80 €	622,80 €
4.248,00 €	2.828,70 €	2.083,80 €	1.730,10 €	1.445,80 €	1.218,10 €	967,50 €	617,50 €
2.752,70 €	2.789,45 €	2.075,20 €	1.725,80 €	1.434,30 €	1.217,90 €	967,50 €	612,70 €
2.738,00 €	2.766,91 €	2.074,80 €	1.720,20 €	1.433,50 €	1.210,30 €	966,90 €	611,10 €
2.055,80 €	2.732,80 €	2.064,80 €	1.717,30 €	1.433,45 €	1.198,80 €	961,15 €	593,20 €
1.999,80 €	2.731,10 €	2.056,40 €	1.710,20 €	1.429,50 €	1.197,30 €	956,60 €	544,40 €
1.821,30 €	2.720,70 €	2.056,10 €	1.708,40 €	1.424,00 €	1.196,00 €	951,45 €	522,40 €
1.590,70 €	2.714,60 €	2.040,80 €	1.705,50 €	1.421,60 €	1.191,00 €	947,10 €	
1.421,70 €	2.713,70 €	2.031,90 €	1.705,00 €	1.415,35 €	1.181,70 €	936,10 €	
1.387,60 €	2.657,90 €	2.023,65 €	1.701,80 €	1.413,30 €	1.180,40 €	935,20 €	
1.363,60 €	2.597,20 €	2.012,10 €	1.690,40 €	1.411,40 €	1.177,10 €	931,30 €	
1.286,10 €	2.586,45 €	2.009,30 €	1.685,90 €	1.409,00 €	1.164,90 €	920,90 €	
1.252,10 €	2.574,89 €	1.984,10 €	1.676,60 €	1.407,30 €	1.164,80 €	918,40 €	
1.125,60 €	2.574,50 €	1.978,80 €	1.673,00 €	1.406,00 €	1.159,90 €	917,40 €	
1.071,90 €	2.561,00 €	1.975,20 €	1.671,70 €	1.399,90 €	1.157,20 €	914,20 €	
1.046,60 €	2.549,80 €	1.974,20 €	1.670,00 €	1.399,20 €	1.156,30 €	912,30 €	
1.001,42 €	2.546,40 €	1.953,10 €	1.665,80 €	1.394,30 €	1.144,40 €	909,10 €	
729,35 €	2.545,00 €	1.951,20 €	1.651,50 €	1.386,75 €	1.143,70 €	907,15 €	
3.678,50 €	2.543,80 €	1.934,30 €	1.635,75 €	1.386,70 €	1.133,80 €	901,20 €	
3.639,05 €	2.527,30 €	1.921,10 €	1.635,55 €	1.379,95 €	1.126,80 €	901,20 €	
3.617,80 €	2.513,90 €	1.912,30 €	1.622,10 €	1.374,90 €	1.125,60 €	899,90 €	
3.601,36 €	2.507,30 €	1.906,40 €	1.605,55 €	1.373,50 €	1.117,00 €	887,20 €	
3.596,60 €	2.499,80 €	1.897,40 €	1.598,60 €	1.371,60 €	1.111,10 €	884,90 €	
3.577,80 €	2.497,00 €	1.889,80 €	1.595,85 €	1.368,50 €	1.103,90 €	881,90 €	
3.512,00 €	2.435,40 €	1.881,60 €	1.593,50 €	1.363,00 €	1.094,80 €	878,00 €	
3.494,00 €	2.434,70 €	1.869,00 €	1.581,70 €	1.362,30 €	1.087,20 €	873,80 €	
3.477,60 €	2.434,40 €	1.849,80 €	1.580,40 €	1.352,60 €	1.085,40 €	866,00 €	
3.476,20 €	2.433,10 €	1.848,40 €	1.579,60 €	1.350,20 €	1.081,20 €	855,50 €	
3.450,20 €	2.420,00 €	1.844,95 €	1.577,50 €	1.344,50 €	1.075,70 €	854,10 €	
3.415,50 €	2.408,20 €	1.844,40 €	1.569,60 €	1.341,90 €	1.069,80 €	852,95 €	
3.399,70 €	2.407,05 €	1.839,50 €	1.566,80 €	1.334,00 €	1.069,45 €	846,50 €	
3.384,30 €	2.381,90 €	1.825,70 €	1.562,30 €	1.333,40 €	1.067,70 €	814,50 €	
3.377,50 €	2.362,20 €	1.825,10 €	1.559,50 €	1.318,80 €	1.062,80 €	805,70 €	
3.367,10 €	2.347,95 €	1.823,60 €	1.544,10 €	1.312,35 €	1.061,30 €	802,70 €	
3.285,05 €	2.340,45 €	1.823,00 €	1.543,85 €	1.309,00 €	1.056,00 €	794,65 €	
3.242,60 €	2.308,70 €	1.811,90 €	1.541,30 €	1.306,20 €	1.051,50 €	785,50 €	
3.147,00 €	2.304,10 €	1.804,90 €	1.524,50 €	1.304,70 €	1.048,90 €	784,30 €	
3.107,90 €	2.281,05 €	1.804,10 €	1.524,20 €	1.301,15 €	1.033,40 €	775,50 €	
3.060,45 €	2.274,70 €	1.793,50 €	1.522,20 €	1.298,00 €	1.019,60 €	774,30 €	
3.041,80 €	2.235,55 €	1.790,00 €	1.518,20 €	1.295,00 €	1.011,40 €	760,20 €	
2.997,65 €	2.226,30 €	1.789,20 €	1.516,50 €	1.292,00 €	1.009,60 €	752,60 €	
2.991,30 €	2.203,30 €	1.789,00 €	1.510,30 €	1.291,45 €	1.007,30 €	727,30 €	
2.984,25 €	2.187,10 €	1.787,50 €	1.510,00 €	1.282,70 €	1.001,00 €	719,40 €	
2.971,80 €	2.170,55 €	1.787,20 €	1.504,40 €	1.282,09 €	1.000,40 €	699,60 €	
2.953,00 €	2.157,90 €	1.778,40 €	1.503,70 €	1.279,10 €	1.000,20 €	691,70 €	
2.949,20 €	2.156,60 €	1.762,20 €	1.495,40 €	1.250,90 €	999,90 €	681,90 €	
2.926,80 €	2.154,50 €	1.759,40 €	1.478,70 €	1.249,50 €	993,40 €	667,50 €	
2.926,10 €	2.141,00 €	1.756,70 €	1.477,10 €	1.245,80 €	992,40 €	664,70 €	

c) Tageseinnahmen 2010 nach Manipulation A:

4.780,60 €	3.526,40 €	2.578,10 €	2.058,90 €	1.714,00 €	1.418,00 €	1.129,30 €	686,20 €
3.336,50 €	3.508,15 €	2.563,80 €	2.057,80 €	1.713,05 €	1.410,90 €	1.123,58 €	671,50 €
3.164,05 €	3.437,30 €	2.557,50 €	2.037,80 €	1.710,10 €	1.410,50 €	1.122,40 €	636,90 €
2.932,35 €	3.383,10 €	2.544,70 €	2.031,80 €	1.699,10 €	1.403,30 €	1.118,10 €	633,80 €
2.666,10 €	3.374,10 €	2.540,10 €	2.013,20 €	1.693,70 €	1.402,80 €	1.118,00 €	617,50 €
2.655,55 €	3.341,00 €	2.529,10 €	2.005,60 €	1.677,10 €	1.400,00 €	1.116,80 €	526,70 €
2.608,50 €	3.322,10 €	2.511,40 €	1.979,60 €	1.672,70 €	1.394,20 €	1.105,70 €	458,30 €
2.471,60 €	3.312,60 €	2.511,30 €	1.976,00 €	1.665,00 €	1.391,70 €	1.086,80 €	450,60 €
2.396,50 €	3.268,90 €	2.497,20 €	1.968,60 €	1.663,70 €	1.388,50 €	1.068,50 €	447,80 €
2.389,30 €	3.202,00 €	2.488,90 €	1.961,30 €	1.663,20 €	1.383,80 €	1.067,90 €	
2.290,30 €	3.172,70 €	2.486,40 €	1.956,50 €	1.653,40 €	1.379,00 €	1.064,50 €	
2.265,10 €	3.165,00 €	2.464,70 €	1.948,80 €	1.646,40 €	1.375,80 €	1.063,20 €	
2.244,70 €	3.158,70 €	2.457,30 €	1.937,00 €	1.632,30 €	1.356,80 €	1.058,20 €	
2.221,10 €	3.137,50 €	2.453,50 €	1.926,40 €	1.624,00 €	1.351,50 €	1.058,20 €	
2.124,20 €	3.128,90 €	2.439,20 €	1.915,50 €	1.612,20 €	1.351,30 €	1.048,00 €	
2.043,10 €	3.121,00 €	2.403,20 €	1.911,00 €	1.604,00 €	1.342,50 €	1.045,70 €	
2.022,50 €	3.118,80 €	2.401,80 €	1.910,40 €	1.595,40 €	1.338,90 €	1.038,40 €	
1.804,50 €	3.088,90 €	2.326,20 €	1.908,30 €	1.591,80 €	1.333,20 €	1.034,85 €	
1.773,70 €	3.040,80 €	2.319,50 €	1.907,60 €	1.583,75 €	1.322,20 €	1.025,70 €	
1.713,40 €	3.024,00 €	2.314,00 €	1.903,90 €	1.582,85 €	1.318,70 €	1.020,00 €	
4.644,30 €	3.016,90 €	2.298,90 €	1.900,60 €	1.582,80 €	1.316,70 €	1.004,95 €	
4.489,30 €	3.012,50 €	2.277,75 €	1.893,70 €	1.572,20 €	1.294,10 €	998,10 €	
4.399,90 €	3.003,10 €	2.276,90 €	1.891,10 €	1.569,20 €	1.276,80 €	995,10 €	
4.368,30 €	3.002,90 €	2.272,70 €	1.890,30 €	1.561,40 €	1.273,20 €	993,10 €	
4.342,00 €	2.964,90 €	2.259,90 €	1.883,80 €	1.559,90 €	1.260,40 €	983,30 €	
4.304,50 €	2.955,67 €	2.253,00 €	1.878,70 €	1.554,50 €	1.253,90 €	982,30 €	
4.279,40 €	2.948,10 €	2.252,00 €	1.878,00 €	1.547,00 €	1.252,60 €	974,50 €	
4.208,50 €	2.923,20 €	2.250,80 €	1.863,10 €	1.535,60 €	1.242,70 €	948,30 €	
4.121,10 €	2.902,00 €	2.228,00 €	1.852,60 €	1.535,00 €	1.242,00 €	938,90 €	
4.099,45 €	2.867,50 €	2.225,10 €	1.847,80 €	1.533,90 €	1.237,70 €	936,40 €	
4.097,90 €	2.857,10 €	2.216,60 €	1.836,10 €	1.529,70 €	1.231,70 €	932,20 €	
4.001,00 €	2.850,90 €	2.215,85 €	1.827,10 €	1.527,90 €	1.227,50 €	915,30 €	
3.976,20 €	2.809,20 €	2.194,50 €	1.815,30 €	1.518,50 €	1.227,10 €	913,00 €	
3.931,30 €	2.791,30 €	2.194,00 €	1.800,20 €	1.517,30 €	1.225,10 €	903,80 €	
3.922,00 €	2.766,60 €	2.184,60 €	1.799,50 €	1.515,50 €	1.220,40 €	873,00 €	
3.907,80 €	2.759,40 €	2.176,38 €	1.794,20 €	1.512,40 €	1.203,80 €	860,90 €	
3.904,00 €	2.755,40 €	2.150,75 €	1.774,40 €	1.512,10 €	1.192,00 €	850,30 €	
3.866,65 €	2.681,80 €	2.132,50 €	1.768,10 €	1.502,70 €	1.191,30 €	848,80 €	
3.843,30 €	2.670,40 €	2.127,05 €	1.768,00 €	1.497,50 €	1.186,90 €	839,70 €	
3.830,30 €	2.662,70 €	2.126,30 €	1.765,60 €	1.490,70 €	1.180,80 €	834,20 €	
3.772,70 €	2.645,40 €	2.118,40 €	1.765,40 €	1.484,30 €	1.164,70 €	814,70 €	
3.770,35 €	2.633,10 €	2.106,50 €	1.759,30 €	1.456,50 €	1.159,60 €	800,00 €	
3.759,60 €	2.625,70 €	2.105,50 €	1.755,70 €	1.453,70 €	1.158,60 €	789,10 €	
3.746,30 €	2.623,90 €	2.102,70 €	1.753,00 €	1.452,20 €	1.155,80 €	786,30 €	
3.678,90 €	2.619,70 €	2.098,10 €	1.748,30 €	1.451,90 €	1.154,60 €	781,40 €	
3.674,20 €	2.615,30 €	2.087,00 €	1.745,10 €	1.451,00 €	1.154,20 €	771,00 €	
3.657,20 €	2.607,60 €	2.082,30 €	1.735,50 €	1.441,50 €	1.141,70 €	746,20 €	
3.649,20 €	2.603,50 €	2.077,00 €	1.730,90 €	1.437,00 €	1.137,10 €	737,30 €	
3.594,70 €	2.589,60 €	2.069,75 €	1.729,50 €	1.433,00 €	1.132,70 €	701,80 €	
3.586,50 €	2.582,10 €	2.058,90 €	1.715,80 €	1.423,00 €	1.131,90 €	698,30 €	

Anhang 13: Empirische Verteilungen nach Manipulation A

a) Empirische Verteilung der Tageseinnahmen 2008 nach Kürzung der 20 größten Werte um 3.000 Euro (insgesamt 60.000 Euro)

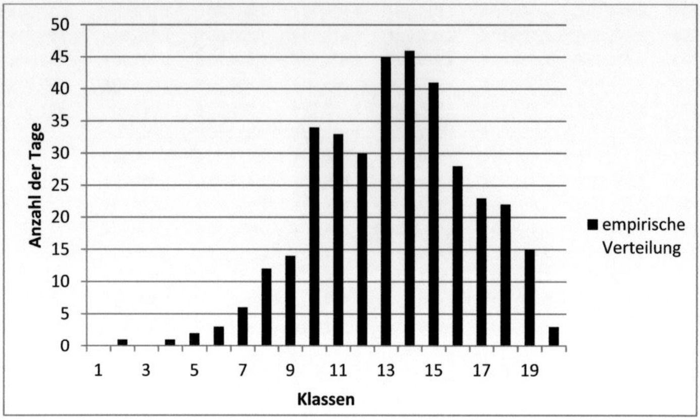

b) Empirische Verteilung der Tageseinnahmen 2009 nach Kürzung der 20 größten Werte um 3.000 Euro (insgesamt 60.000 Euro)

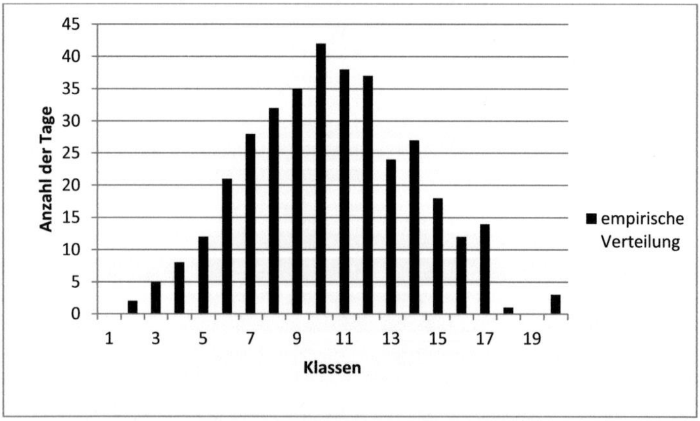

c) Empirische Verteilung der Tageseinnahmen 2010 nach Kürzung der 20 größten Werte um 3.000 Euro (insgesamt 60.000 Euro)

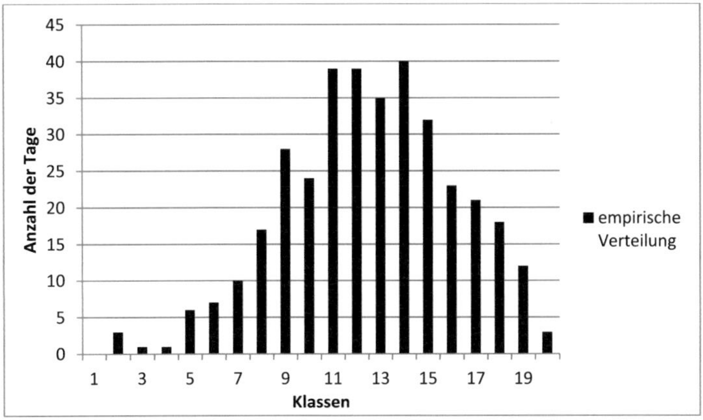

Anhang 14: Vergleich der theoretischen und empirischen Verteilung nach Manipulation A

a) Vergleich der theoretischen und empirischen Verteilungen 2008 nach Kürzung der 20 größten Werte um 3.000 Euro (insgesamt 60.000 Euro)

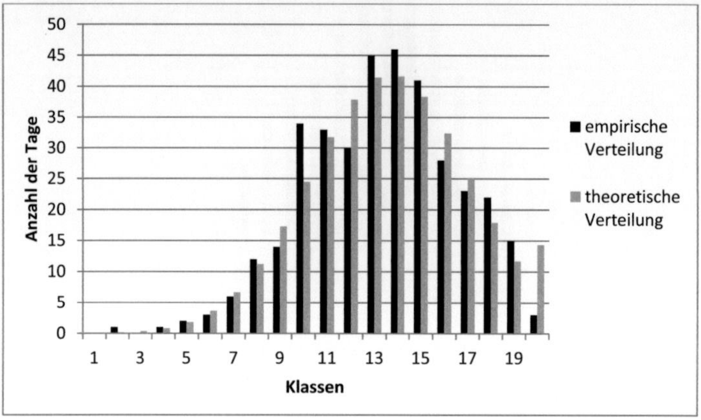

b) Vergleich der theoretischen und empirischen Verteilungen 2009 nach Kürzung der 20 größten Werte um 3.000 Euro (insgesamt 60.000 Euro)

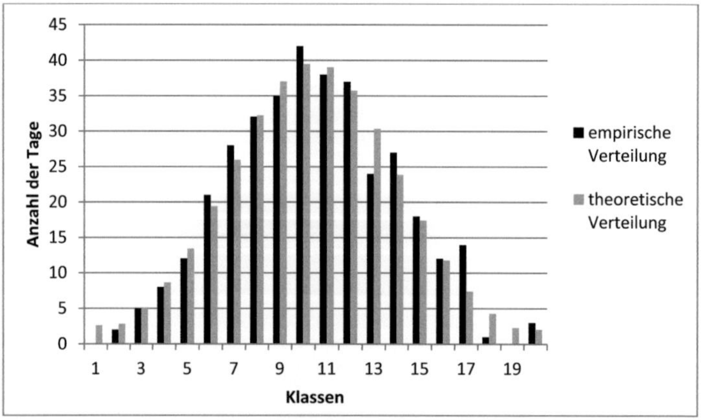

c) Vergleich der theoretischen und empirischen Verteilungen 2010 nach Kürzung der 20 größten Werte um 3.000 Euro (insgesamt 60.000 Euro)

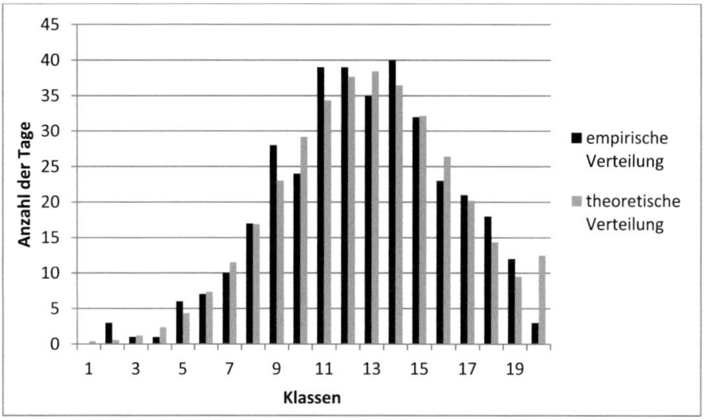

Anhang 15: Abweichungen der empirischen Verteilung von der theoretischen Verteilung nach Manipulation A

a) Abweichungen der empirischen Verteilung von der theoretischen Verteilung 2008 nach Kürzung der 20 größten Werte um 3.000 Euro (insgesamt 60.000 Euro)

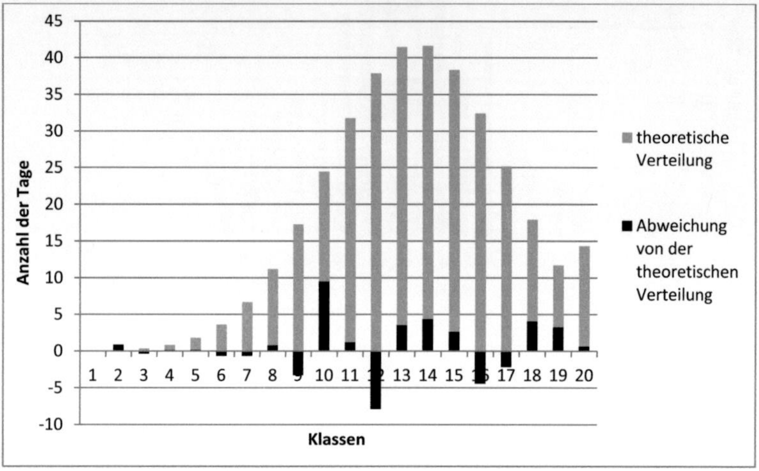

b) Abweichungen der empirischen Verteilung von der theoretischen Verteilung 2009 nach Kürzung der 20 größten Werte um 3.000 Euro (insgesamt 60.000 Euro)

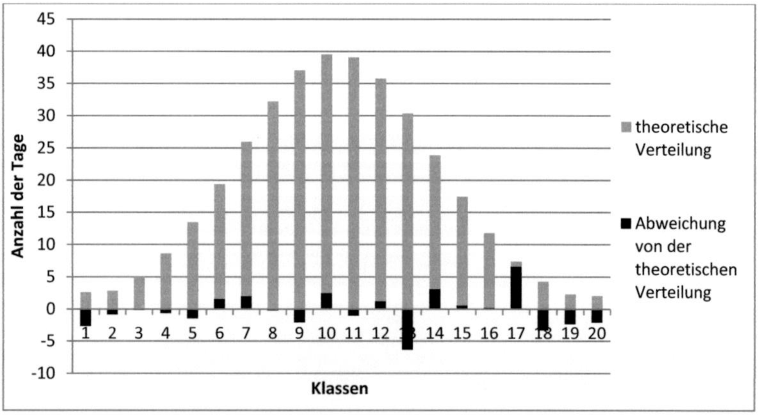

c) Abweichungen der empirischen Verteilung von der theoretischen Verteilung 2010 nach Kürzung der 20 größten Werte um 3.000 Euro (insgesamt 60.000 Euro)

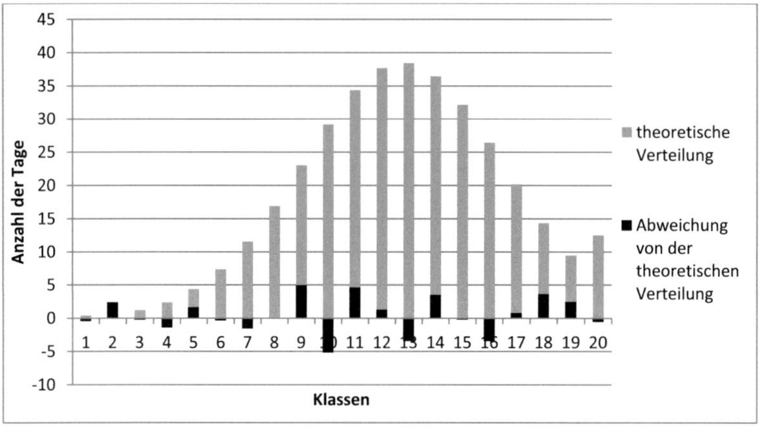

Anhang 16: Empirische Verteilungen nach Manipulation A mit manueller Schätzung

a) Empirische Verteilung der Tageseinnahmen 2008 nach Kürzung der 20 größten Werte um 3.000 Euro (insgesamt 60.000 Euro)

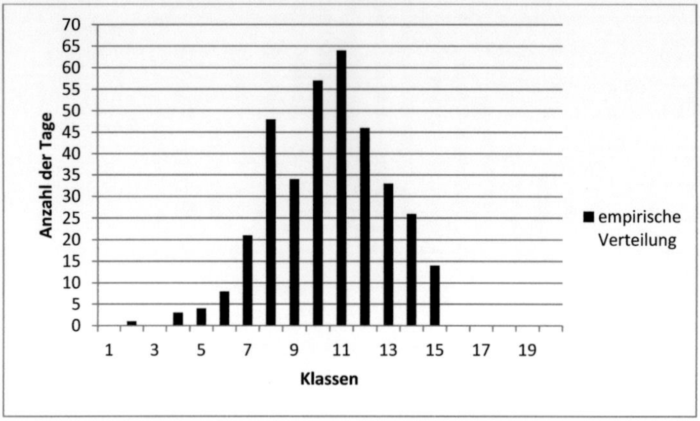

b) Empirische Verteilung der Tageseinnahmen 2009 nach Kürzung der 20 größten Werte um 3.000 Euro (insgesamt 60.000 Euro)

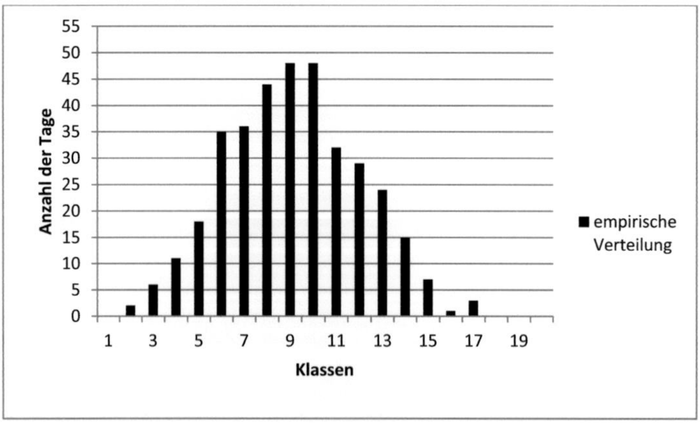

c) Empirische Verteilung der Tageseinnahmen 2010 nach Kürzung der 20 größten Werte um 3.000 Euro (insgesamt 60.000 Euro)

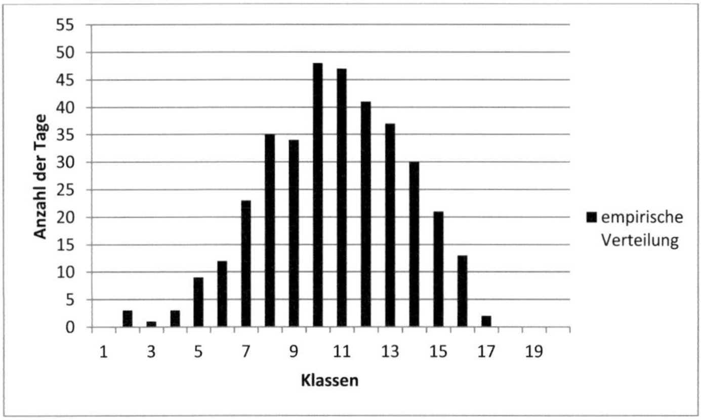

Anhang 17: Vergleich der theoretischen und empirischen Verteilungen nach Manipulation A mit manueller Schätzung

a) Vergleich der theoretischen und empirischen Verteilungen 2008 nach Kürzung der 20 größten Werte um 3.000 Euro (insgesamt 60.000 Euro)

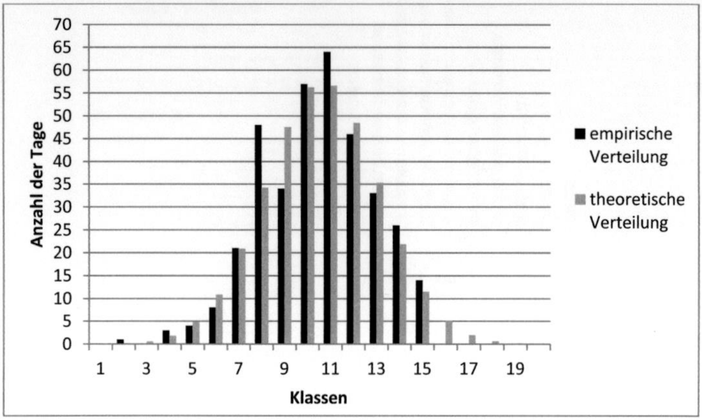

b) Vergleich der theoretischen und empirischen Verteilungen 2009 nach Kürzung der 20 größten Werte um 3.000 Euro (insgesamt 60.000 Euro)

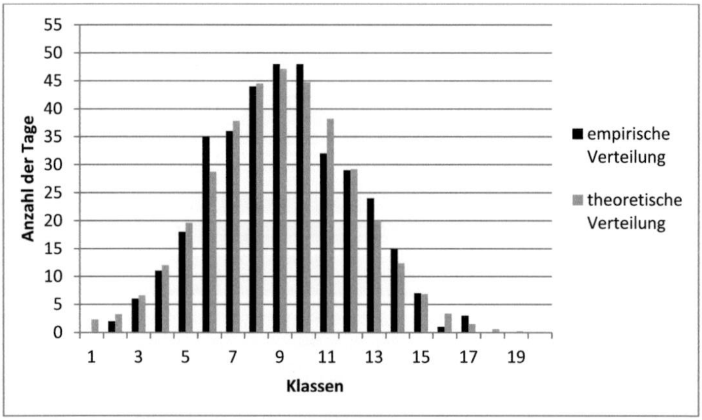

c) Vergleich der theoretischen und empirischen Verteilungen 2010 nach Kürzung der 20 größten Werte um 3.000 Euro (insgesamt 60.000 Euro)

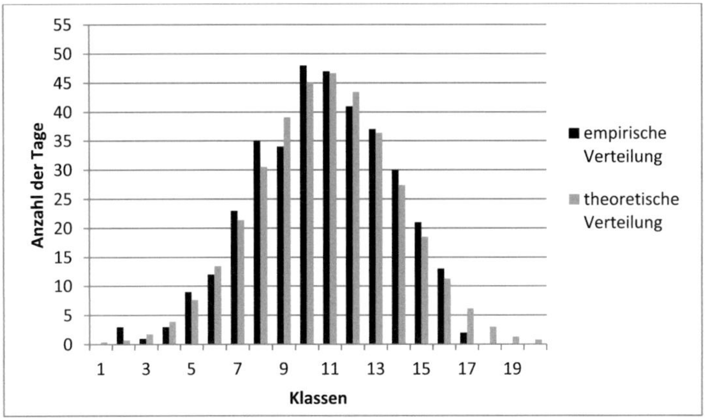

Anhang 18: Abweichungen der empirischen Verteilung von der theoretischen Verteilung nach Manipulation A mit manueller Schätzung

a) Abweichungen der empirischen Verteilung von der theoretischen Verteilung 2008 nach Kürzung der 20 größten Werte um 3.000 Euro (insgesamt 60.000 Euro)

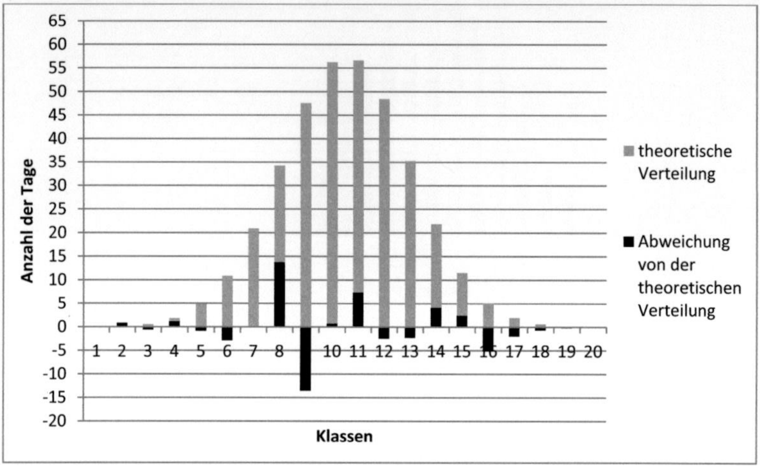

b) Abweichungen der empirischen Verteilung von der theoretischen Verteilung 2009 nach Kürzung der 20 größten Werte um 3.000 Euro (insgesamt 60.000 Euro)

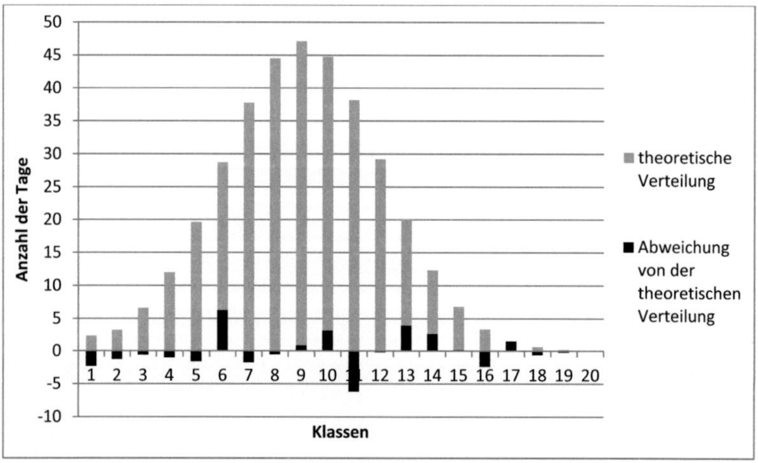

c) Abweichungen der empirischen Verteilung von der theoretischen Verteilung 2010 nach Kürzung der 20 größten Werte um 3.000 Euro (insgesamt 60.000 Euro)

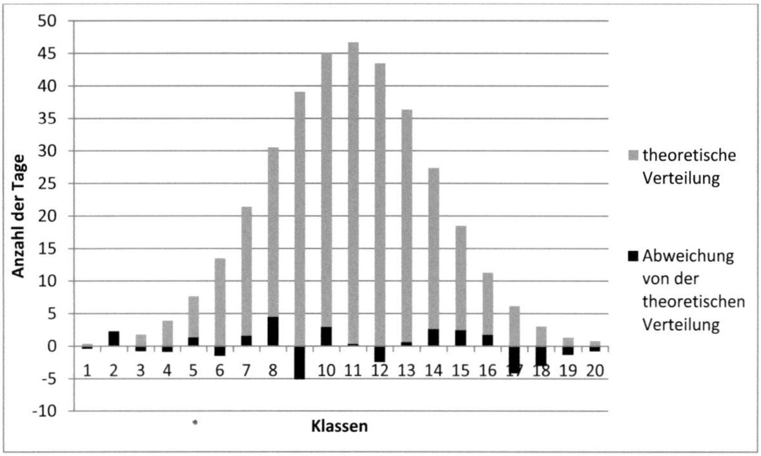

Anhang 19: Tageseinnahmen der Jahre 2008 – 2010 nach Manipulation B

a) Tageseinnahmen 2008 nach Manipulation B:

6.366,35 €	2.859,00 €	2.216,40 €	1.842,95 €	1.596,30 €	1.364,60 €	1.103,10 €	717,30 €
4.079,90 €	2.857,90 €	2.169,40 €	1.842,50 €	1.593,50 €	1.360,10 €	1.098,50 €	686,20 €
1.405,00 €	2.847,90 €	2.157,40 €	1.826,90 €	1.590,60 €	1.359,00 €	1.090,80 €	673,00 €
1.320,90 €	2.834,10 €	2.140,40 €	1.819,10 €	1.580,50 €	1.332,30 €	1.089,30 €	668,80 €
977,70 €	2.820,20 €	2.130,70 €	1.812,50 €	1.577,10 €	1.324,70 €	1.087,20 €	630,50 €
4.820,50 €	2.777,10 €	2.126,40 €	1.808,50 €	1.568,00 €	1.324,45 €	1.075,80 €	573,05 €
739,10 €	2.772,50 €	2.119,30 €	1.804,70 €	1.567,80 €	1.315,20 €	1.061,90 €	565,80 €
691,00 €	2.726,80 €	2.112,90 €	1.788,90 €	1.560,10 €	1.315,20 €	1.058,90 €	509,50 €
683,60 €	2.684,50 €	2.089,70 €	1.783,80 €	1.554,20 €	1.306,40 €	1.058,70 €	385,90 €
4.592,10 €	2.679,80 €	2.073,80 €	1.783,80 €	1.548,60 €	1.304,50 €	1.053,60 €	
1.375,30 €	2.660,35 €	2.057,30 €	1.770,70 €	1.544,70 €	1.299,40 €	1.051,30 €	
1.245,50 €	2.651,55 €	2.042,70 €	1.766,40 €	1.541,80 €	1.292,05 €	1.050,90 €	
1.138,60 €	2.646,30 €	2.040,50 €	1.763,30 €	1.536,65 €	1.271,80 €	1.044,65 €	
4.113,70 €	2.639,20 €	2.033,40 €	1.758,35 €	1.529,80 €	1.259,70 €	1.035,80 €	
1.106,40 €	2.625,30 €	2.026,60 €	1.751,50 €	1.523,85 €	1.259,50 €	1.027,30 €	
1.064,90 €	2.623,95 €	2.015,50 €	1.750,65 €	1.522,70 €	1.239,90 €	1.022,10 €	
1.062,40 €	2.617,40 €	1.995,70 €	1.748,70 €	1.514,50 €	1.229,50 €	1.019,80 €	
3.947,40 €	2.614,80 €	1.993,20 €	1.744,90 €	1.510,00 €	1.213,20 €	1.010,90 €	
1.901,10 €	2.592,30 €	1.984,30 €	1.743,25 €	1.502,20 €	1.210,20 €	1.010,10 €	
1.833,20 €	2.578,00 €	1.977,50 €	1.742,20 €	1.498,40 €	1.197,50 €	1.009,55 €	
1.725,00 €	2.568,60 €	1.971,60 €	1.741,60 €	1.494,10 €	1.193,60 €	1.005,60 €	
3.659,90 €	2.509,00 €	1.971,20 €	1.741,50 €	1.491,00 €	1.189,60 €	1.000,80 €	
3.610,00 €	2.495,70 €	1.966,45 €	1.730,05 €	1.487,00 €	1.189,00 €	993,95 €	
3.408,70 €	2.473,80 €	1.961,40 €	1.724,90 €	1.485,80 €	1.186,80 €	987,10 €	
3.404,01 €	2.468,80 €	1.957,70 €	1.706,30 €	1.479,80 €	1.181,70 €	980,50 €	
3.338,95 €	2.444,30 €	1.956,60 €	1.701,50 €	1.477,90 €	1.181,10 €	975,60 €	
3.313,25 €	2.427,00 €	1.953,50 €	1.680,30 €	1.476,20 €	1.178,00 €	975,40 €	
3.299,90 €	2.423,30 €	1.948,50 €	1.678,50 €	1.461,05 €	1.176,80 €	969,90 €	
3.293,90 €	2.403,90 €	1.947,20 €	1.678,40 €	1.453,60 €	1.170,00 €	963,10 €	
3.286,20 €	2.403,20 €	1.945,00 €	1.676,60 €	1.452,30 €	1.167,30 €	936,40 €	
3.269,50 €	2.389,90 €	1.943,60 €	1.675,10 €	1.451,70 €	1.164,35 €	929,90 €	
3.238,50 €	2.374,90 €	1.933,99 €	1.670,10 €	1.450,10 €	1.163,80 €	926,40 €	
3.213,70 €	2.360,70 €	1.926,80 €	1.667,20 €	1.449,70 €	1.157,10 €	912,50 €	
3.178,20 €	2.341,25 €	1.925,10 €	1.656,50 €	1.445,30 €	1.155,40 €	882,10 €	
3.149,60 €	2.330,70 €	1.918,80 €	1.652,80 €	1.440,90 €	1.153,05 €	879,80 €	
3.129,20 €	2.328,45 €	1.917,90 €	1.652,00 €	1.431,10 €	1.148,35 €	872,50 €	
3.083,95 €	2.292,90 €	1.907,20 €	1.651,80 €	1.429,80 €	1.147,97 €	872,40 €	
3.067,70 €	2.288,30 €	1.903,30 €	1.645,10 €	1.416,20 €	1.146,10 €	866,90 €	
3.016,05 €	2.288,30 €	1.897,80 €	1.644,80 €	1.415,40 €	1.145,40 €	850,20 €	
3.011,70 €	2.264,50 €	1.891,20 €	1.642,30 €	1.411,30 €	1.138,20 €	838,00 €	
3.011,40 €	2.264,50 €	1.879,50 €	1.641,00 €	1.409,30 €	1.133,90 €	836,30 €	
2.971,60 €	2.263,25 €	1.876,40 €	1.636,90 €	1.396,05 €	1.133,20 €	831,10 €	
2.971,05 €	2.263,25 €	1.874,30 €	1.631,00 €	1.393,95 €	1.128,60 €	827,85 €	
2.962,35 €	2.262,00 €	1.869,50 €	1.629,90 €	1.392,90 €	1.125,70 €	810,00 €	
2.951,30 €	2.262,00 €	1.869,30 €	1.620,20 €	1.391,50 €	1.121,20 €	784,10 €	
2.923,30 €	2.241,60 €	1.868,80 €	1.611,90 €	1.390,60 €	1.113,20 €	774,80 €	
2.901,20 €	2.241,60 €	1.865,70 €	1.611,20 €	1.387,20 €	1.112,90 €	764,45 €	
2.890,10 €	2.227,10 €	1.853,70 €	1.610,05 €	1.384,30 €	1.112,50 €	750,50 €	
2.869,00 €	2.227,10 €	1.851,10 €	1.609,30 €	1.372,70 €	1.111,80 €	749,70 €	
2.861,95 €	2.217,30 €	1.846,00 €	1.609,00 €	1.366,30 €	1.107,60 €	743,20 €	

b) Tageseinnahmen 2009 nach Manipulation B:

8.303,40 €	2.925,40 €	2.132,40 €	1.754,80 €	1.473,50 €	1.240,50 €	988,40 €	661,90 €
4.278,60 €	2.882,85 €	2.130,45 €	1.747,90 €	1.455,80 €	1.236,30 €	977,20 €	643,00 €
4.167,75 €	2.867,10 €	2.101,00 €	1.732,90 €	1.449,30 €	1.233,10 €	974,80 €	622,80 €
3.248,00 €	2.828,70 €	2.083,80 €	1.730,10 €	1.445,80 €	1.218,10 €	967,50 €	617,50 €
1.752,70 €	2.789,45 €	2.075,20 €	1.725,80 €	1.434,30 €	1.217,90 €	967,50 €	612,70 €
5.738,00 €	2.766,91 €	2.074,80 €	1.720,20 €	1.433,50 €	1.210,30 €	966,90 €	611,10 €
1.055,80 €	2.732,80 €	2.064,80 €	1.717,30 €	1.433,45 €	1.198,80 €	961,15 €	593,20 €
999,80 €	2.731,10 €	2.056,40 €	1.710,20 €	1.429,50 €	1.197,30 €	956,60 €	544,40 €
821,30 €	2.720,70 €	2.056,10 €	1.708,40 €	1.424,00 €	1.196,00 €	951,45 €	522,40 €
4.590,70 €	2.714,60 €	2.040,80 €	1.705,50 €	1.421,60 €	1.191,00 €	947,10 €	
1.421,70 €	2.713,70 €	2.031,90 €	1.705,00 €	1.415,35 €	1.181,70 €	936,10 €	
1.387,60 €	2.657,90 €	2.023,65 €	1.701,80 €	1.413,30 €	1.180,40 €	935,20 €	
1.363,60 €	2.597,20 €	2.012,10 €	1.690,40 €	1.411,40 €	1.177,10 €	931,30 €	
4.286,10 €	2.586,45 €	2.009,30 €	1.685,90 €	1.409,00 €	1.164,90 €	920,90 €	
1.252,10 €	2.574,89 €	1.984,10 €	1.676,60 €	1.407,30 €	1.164,80 €	918,40 €	
2.125,60 €	2.574,50 €	1.978,80 €	1.673,00 €	1.406,00 €	1.159,90 €	917,40 €	
2.071,90 €	2.561,00 €	1.975,20 €	1.671,70 €	1.399,90 €	1.157,20 €	914,20 €	
4.046,60 €	2.549,80 €	1.974,20 €	1.670,00 €	1.399,20 €	1.156,30 €	912,30 €	
2.001,42 €	2.546,40 €	1.953,10 €	1.665,80 €	1.394,30 €	1.144,40 €	909,10 €	
1.729,35 €	2.545,00 €	1.951,20 €	1.651,50 €	1.386,75 €	1.143,70 €	907,15 €	
1.678,50 €	2.543,80 €	1.934,30 €	1.635,75 €	1.386,70 €	1.133,80 €	901,20 €	
3.639,05 €	2.527,30 €	1.921,10 €	1.635,55 €	1.379,95 €	1.126,80 €	901,20 €	
3.617,80 €	2.513,90 €	1.912,30 €	1.622,10 €	1.374,90 €	1.125,60 €	899,90 €	
3.601,36 €	2.507,30 €	1.906,40 €	1.605,55 €	1.373,50 €	1.117,00 €	887,20 €	
3.596,60 €	2.499,80 €	1.897,40 €	1.598,60 €	1.371,60 €	1.111,10 €	884,90 €	
3.577,80 €	2.497,00 €	1.889,80 €	1.595,85 €	1.368,50 €	1.103,90 €	881,90 €	
3.512,00 €	2.435,40 €	1.881,60 €	1.593,50 €	1.363,00 €	1.094,80 €	878,00 €	
3.494,00 €	2.434,70 €	1.869,00 €	1.581,70 €	1.362,30 €	1.087,20 €	873,80 €	
3.477,60 €	2.434,40 €	1.849,80 €	1.580,40 €	1.352,60 €	1.085,40 €	866,00 €	
3.476,20 €	2.433,10 €	1.848,40 €	1.579,60 €	1.350,20 €	1.081,20 €	855,50 €	
3.450,20 €	2.420,00 €	1.844,95 €	1.577,50 €	1.344,50 €	1.075,70 €	854,10 €	
3.415,50 €	2.408,20 €	1.844,40 €	1.569,60 €	1.341,90 €	1.069,80 €	852,95 €	
3.399,70 €	2.407,05 €	1.839,50 €	1.566,80 €	1.334,00 €	1.069,45 €	846,50 €	
3.384,30 €	2.381,90 €	1.825,70 €	1.562,30 €	1.333,40 €	1.067,70 €	814,50 €	
3.377,50 €	2.362,20 €	1.825,10 €	1.559,50 €	1.318,80 €	1.062,80 €	805,70 €	
3.367,10 €	2.347,95 €	1.823,60 €	1.544,10 €	1.312,35 €	1.061,30 €	802,70 €	
3.285,05 €	2.340,45 €	1.823,00 €	1.543,85 €	1.309,00 €	1.056,00 €	794,65 €	
3.242,60 €	2.308,70 €	1.811,90 €	1.541,30 €	1.306,20 €	1.051,50 €	785,50 €	
3.147,00 €	2.304,10 €	1.804,90 €	1.524,50 €	1.304,70 €	1.048,90 €	784,30 €	
3.107,90 €	2.281,05 €	1.804,10 €	1.524,20 €	1.301,15 €	1.033,40 €	775,50 €	
3.060,45 €	2.274,70 €	1.793,50 €	1.522,20 €	1.298,00 €	1.019,60 €	774,30 €	
3.041,80 €	2.235,55 €	1.790,00 €	1.518,20 €	1.295,00 €	1.011,40 €	760,20 €	
2.997,65 €	2.226,30 €	1.789,20 €	1.516,50 €	1.292,00 €	1.009,60 €	752,60 €	
2.991,30 €	2.203,30 €	1.789,00 €	1.510,30 €	1.291,45 €	1.007,30 €	727,30 €	
2.984,25 €	2.187,10 €	1.787,50 €	1.510,00 €	1.282,70 €	1.001,00 €	719,40 €	
2.971,80 €	2.170,55 €	1.787,20 €	1.504,40 €	1.282,09 €	1.000,40 €	699,60 €	
2.953,00 €	2.157,90 €	1.778,40 €	1.503,70 €	1.279,10 €	1.000,20 €	691,70 €	
2.949,20 €	2.156,60 €	1.762,20 €	1.495,40 €	1.250,90 €	999,90 €	681,90 €	
2.926,80 €	2.154,50 €	1.759,40 €	1.478,70 €	1.249,50 €	993,40 €	667,50 €	
2.926,10 €	2.141,00 €	1.756,70 €	1.477,10 €	1.245,80 €	992,40 €	664,70 €	

c) Tageseinnahmen 2010 nach Manipulation B:

7.780,60 €	3.526,40 €	2.578,10 €	2.058,90 €	1.714,00 €	1.418,00 €	1.129,30 €	686,20 €
4.336,50 €	3.508,15 €	2.563,80 €	2.057,80 €	1.713,05 €	1.410,90 €	1.123,58 €	671,50 €
2.164,05 €	3.437,30 €	2.557,50 €	2.037,80 €	1.710,10 €	1.410,50 €	1.122,40 €	636,90 €
1.932,35 €	3.383,10 €	2.544,70 €	2.031,80 €	1.699,10 €	1.403,30 €	1.118,10 €	633,80 €
1.666,10 €	3.374,10 €	2.540,10 €	2.013,20 €	1.693,70 €	1.402,80 €	1.118,00 €	617,50 €
5.655,55 €	3.341,00 €	2.529,10 €	2.005,60 €	1.677,10 €	1.400,00 €	1.116,80 €	526,70 €
1.608,50 €	3.322,10 €	2.511,40 €	1.979,60 €	1.672,70 €	1.394,20 €	1.105,70 €	458,30 €
1.471,60 €	3.312,60 €	2.511,30 €	1.976,00 €	1.665,00 €	1.391,70 €	1.086,80 €	450,60 €
1.396,50 €	3.268,90 €	2.497,20 €	1.968,60 €	1.663,70 €	1.388,50 €	1.068,50 €	447,80 €
5.389,30 €	3.202,00 €	2.488,90 €	1.961,30 €	1.663,20 €	1.383,80 €	1.067,90 €	
1.290,30 €	3.172,70 €	2.486,40 €	1.956,50 €	1.653,40 €	1.379,00 €	1.064,50 €	
1.265,10 €	3.165,00 €	2.464,70 €	1.948,80 €	1.646,40 €	1.375,80 €	1.063,20 €	
1.244,70 €	3.158,70 €	2.457,30 €	1.937,00 €	1.632,30 €	1.356,80 €	1.058,20 €	
5.221,10 €	3.137,50 €	2.453,50 €	1.926,40 €	1.624,00 €	1.351,50 €	1.058,20 €	
1.124,20 €	3.128,90 €	2.439,20 €	1.915,50 €	1.612,20 €	1.351,30 €	1.048,00 €	
1.043,10 €	3.121,00 €	2.403,20 €	1.911,00 €	1.604,00 €	1.342,50 €	1.045,70 €	
1.022,50 €	3.118,80 €	2.401,80 €	1.910,40 €	1.595,40 €	1.338,90 €	1.038,40 €	
4.804,50 €	3.088,90 €	2.326,20 €	1.908,30 €	1.591,80 €	1.333,20 €	1.034,85 €	
4.773,70 €	3.040,80 €	2.319,50 €	1.907,60 €	1.583,75 €	1.322,20 €	1.025,70 €	
4.713,40 €	3.024,00 €	2.314,00 €	1.903,90 €	1.582,85 €	1.318,70 €	1.020,00 €	
4.644,30 €	3.016,90 €	2.298,90 €	1.900,60 €	1.582,80 €	1.316,70 €	1.004,95 €	
4.489,30 €	3.012,50 €	2.277,75 €	1.893,70 €	1.572,20 €	1.294,10 €	998,10 €	
4.399,90 €	3.003,10 €	2.276,90 €	1.891,10 €	1.569,20 €	1.276,80 €	995,10 €	
4.368,30 €	3.002,90 €	2.272,70 €	1.890,30 €	1.561,40 €	1.273,20 €	993,10 €	
4.342,00 €	2.964,90 €	2.259,90 €	1.883,80 €	1.559,90 €	1.260,40 €	983,30 €	
4.304,50 €	2.955,67 €	2.253,00 €	1.878,70 €	1.554,50 €	1.253,90 €	982,30 €	
4.279,40 €	2.948,10 €	2.252,00 €	1.878,00 €	1.547,00 €	1.252,60 €	974,50 €	
4.208,50 €	2.923,20 €	2.250,80 €	1.863,10 €	1.535,60 €	1.242,70 €	948,30 €	
4.121,10 €	2.902,00 €	2.228,00 €	1.852,60 €	1.535,00 €	1.242,00 €	938,90 €	
4.099,45 €	2.867,50 €	2.225,10 €	1.847,80 €	1.533,90 €	1.237,70 €	936,40 €	
4.097,90 €	2.857,10 €	2.216,60 €	1.836,10 €	1.529,70 €	1.231,70 €	932,20 €	
4.001,00 €	2.850,90 €	2.215,85 €	1.827,10 €	1.527,90 €	1.227,50 €	915,30 €	
3.976,20 €	2.809,20 €	2.194,50 €	1.815,30 €	1.518,50 €	1.227,10 €	913,00 €	
3.931,30 €	2.791,30 €	2.194,00 €	1.800,20 €	1.517,30 €	1.225,10 €	903,80 €	
3.922,00 €	2.766,60 €	2.184,60 €	1.799,50 €	1.515,50 €	1.220,40 €	873,00 €	
3.907,80 €	2.759,40 €	2.176,38 €	1.794,20 €	1.512,40 €	1.203,80 €	860,90 €	
3.904,00 €	2.755,40 €	2.150,75 €	1.774,40 €	1.512,10 €	1.192,00 €	850,30 €	
3.866,65 €	2.681,80 €	2.132,50 €	1.768,10 €	1.502,70 €	1.191,30 €	848,80 €	
3.843,30 €	2.670,40 €	2.127,05 €	1.768,00 €	1.497,50 €	1.186,90 €	839,70 €	
3.830,30 €	2.662,70 €	2.126,30 €	1.765,60 €	1.490,70 €	1.180,80 €	834,20 €	
3.772,70 €	2.645,40 €	2.118,40 €	1.765,40 €	1.484,30 €	1.164,70 €	814,70 €	
3.770,35 €	2.633,10 €	2.106,50 €	1.759,30 €	1.456,50 €	1.159,60 €	800,00 €	
3.759,60 €	2.625,70 €	2.105,50 €	1.755,70 €	1.453,70 €	1.158,60 €	789,10 €	
3.746,30 €	2.623,90 €	2.102,70 €	1.753,00 €	1.452,20 €	1.155,80 €	786,30 €	
3.678,90 €	2.619,70 €	2.098,10 €	1.748,30 €	1.451,90 €	1.154,60 €	781,40 €	
3.674,20 €	2.615,30 €	2.087,00 €	1.745,10 €	1.451,00 €	1.154,20 €	771,00 €	
3.657,20 €	2.607,60 €	2.082,30 €	1.735,50 €	1.441,50 €	1.141,70 €	746,20 €	
3.649,20 €	2.603,50 €	2.077,00 €	1.730,90 €	1.437,00 €	1.137,10 €	737,30 €	
3.594,70 €	2.589,60 €	2.069,75 €	1.729,50 €	1.433,00 €	1.132,70 €	701,80 €	
3.586,50 €	2.582,10 €	2.058,90 €	1.715,80 €	1.423,00 €	1.131,90 €	698,30 €	

Anhang 20: Empirische Verteilungen nach Manipulation B

a) Empirische Verteilung der Tageseinnahmen 2008 nach zufälliger Kürzung von 16 Werten um insgesamt 50.000 Euro

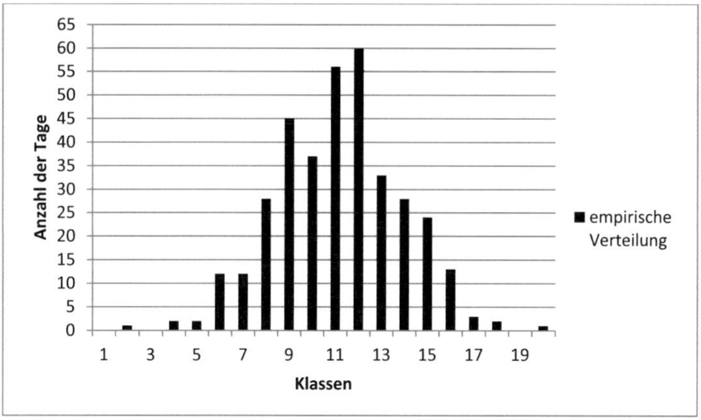

b) Empirische Verteilung der Tageseinnahmen 2009 nach zufälliger Kürzung von 16 Werten um insgesamt 50.000 Euro

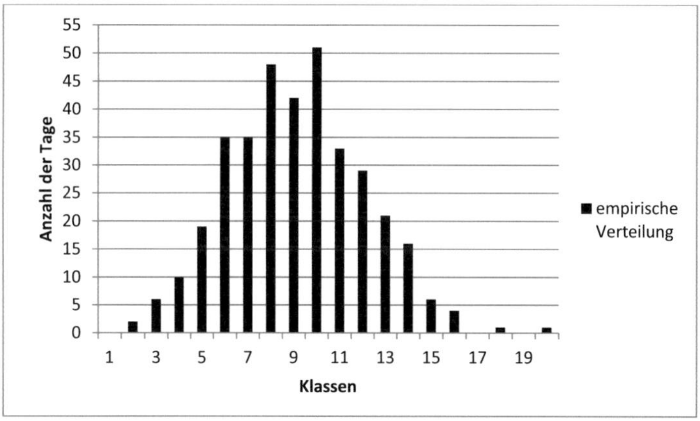

c) Empirische Verteilung der Tageseinnahmen 2010 nach zufälliger Kürzung von 16 Werten um insgesamt 50.000 Euro

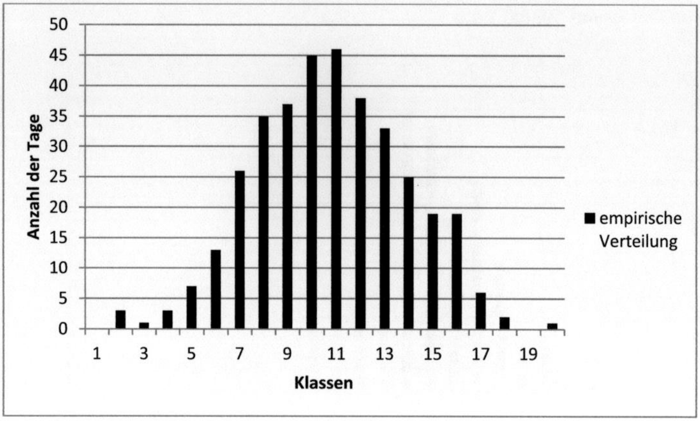

Anhang 21: Vergleich der theoretischen und empirischen Verteilung nach Manipulation B

a) Vergleich der theoretischen und empirischen Verteilungen 2008 nach zufälliger Kürzung von 16 Werten um insgesamt 50.000 Euro

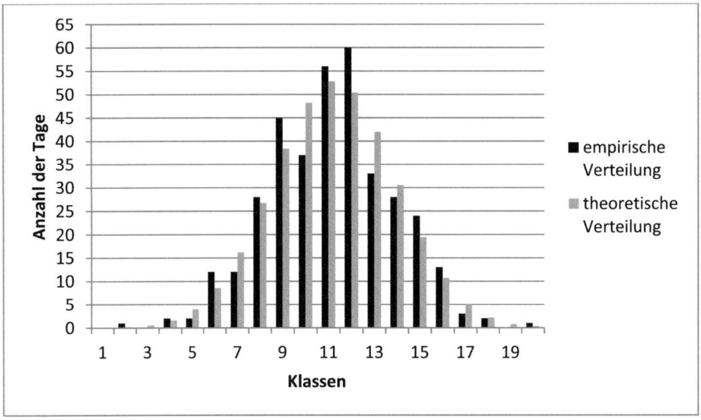

b) Vergleich der theoretischen und empirischen Verteilungen 2009 nach zufälliger Kürzung von 16 Werten um insgesamt 50.000 Euro

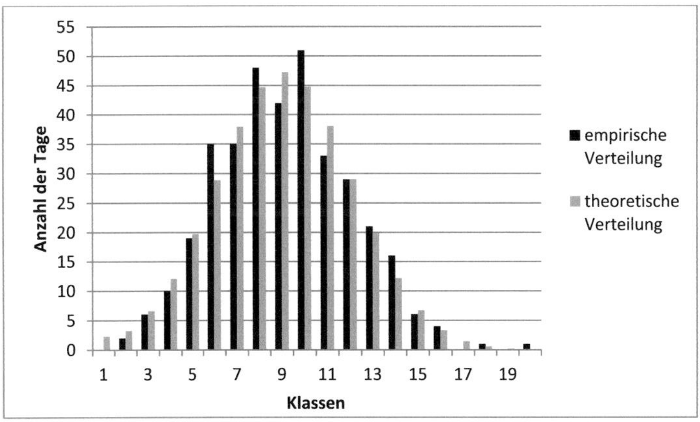

c) Vergleich der theoretischen und empirischen Verteilungen 2010 nach zufälliger Kürzung von 16 Werten um insgesamt 50.000 Euro

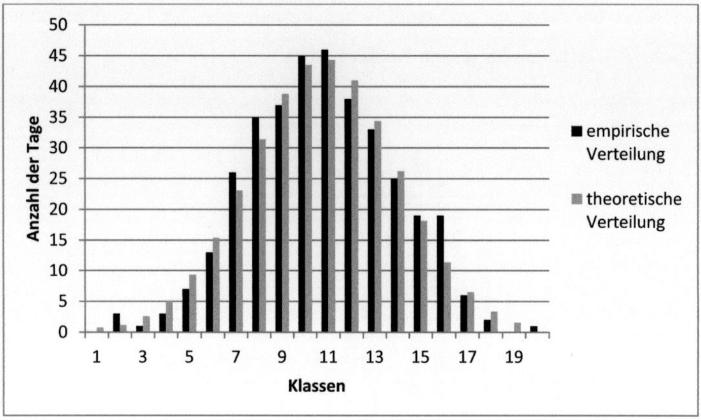

Anhang 22: Abweichungen der empirischen Verteilung von der theoretischen Verteilung nach Manipulation B

a) Abweichungen der empirischen Verteilung von der theoretischen Verteilung 2008 nach zufälliger Kürzung von 16 Werten um insgesamt 50.000 Euro

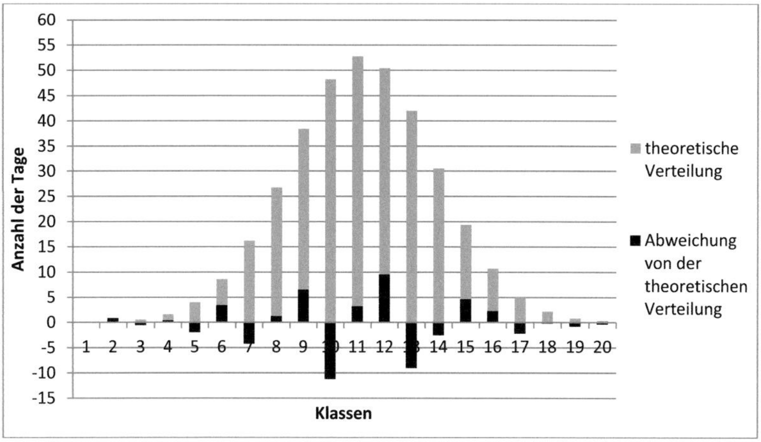

b) Abweichungen der empirischen Verteilung von der theoretischen Verteilung 2009 nach zufälliger Kürzung von 16 Werten um insgesamt 50.000 Euro

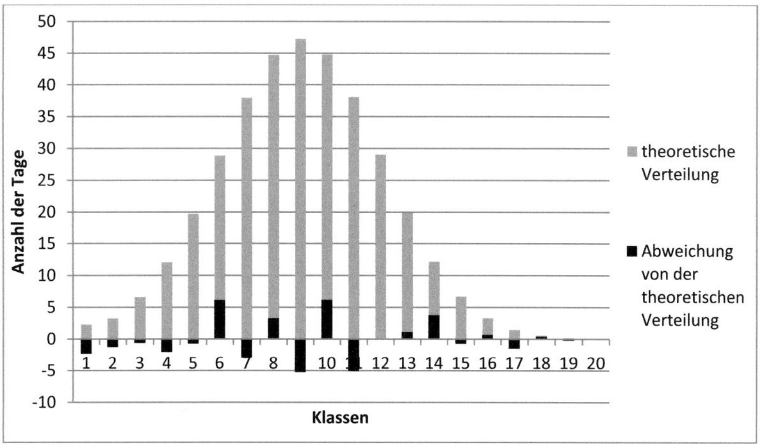

c) Abweichungen der empirischen Verteilung von der theoretischen Verteilung 2010 nach zufälliger Kürzung von 16 Werten um insgesamt 50.000 Euro

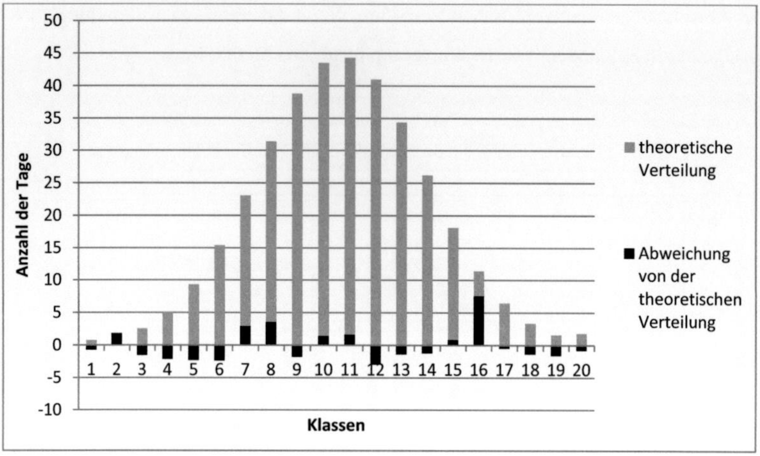

Literaturverzeichnis

AITCHISON, J. / BROWN, J. A. C.: (Lognormal) The lognormal distribution – with special reference to its uses in economics, Cambridge 1957.

APITZ, Wilfried: (Schätzungen) Schätzungen im Rahmen einer Außenprüfung, DStR 1985, S. 304 – 308.

APITZ, Wilfried: (Aspekte) Verfahrensrechtliche Aspekte der Schätzung im Rahmen der Betriebsprüfung, StBp 1996, S. 96 – 100 u. S. 119 – 124.

ASSMANN, Eberhard: (Geldverkehrsrechnung) Die Geldverkehrsrechnung in der Außenprüfungspraxis, StBp 1989, S. 252 – 206, S. 269 – 277 u. StBp 1990, S. 1 – 10.

ASSMANN, Eberhard: (Rechte) Rechte und Mitwirkungspflichten beim Erstellen von Geldverkehrs- bzw. Vermögenszuwachsrechnungen, DB 1989, S. 851 – 854.

ASSMANN, Eberhard: (Umsatznachkalkulationen) Umsatznachkalkulationen bei Außenprüfungen, StBp 1991, S. 97 – 107.

ASSMANN, Eberhard: (Schätzungen) Schätzungen bei Außenprüfungen, StBp 2001, S. 255 – 262 u. S. 281 – 287.

BASELT, Wilhelm: (Betriebsprüfung) Neue Methoden der Betriebsprüfung, unveröffentlichtes Lehrgangsskript der Bundesfinanzakademie, Siegburg 1976.

BAYER, Dirk: (Chi-Quadrat-Test) Chi-Quadrat-Test bei Außenprüfungen, AO-StB 2011, S. 357 – 358.

BENDISCH, J.:(Gutachten) Die Strukturanalyse als Instrument der Betriebsprüfung, Wissenschaftliches Gutachten im Auftrag des Bundesministeriums der Finanzen, 1980, Az BFA – P 3220 – 5/80 (Werkvertrag).

BENFORD, Frank: (Law) The Law of Anomalous Numbers, Proceedings of the American Philosophical Society 1938, S. 551 – 572.

BLENKERS, Michael: (Chi-Test) Chi-Test – oder „Jeder Mensch hat seine Lieblingszahl“, StBp 2003, S. 261 – 264.

BLENKERS, Michael / MAIER-SIEGERT, Ernst: (Zeitreihenvergleich) Neue Methoden der Betriebsprüfung: Wie können sich Unternehmen bei Durchführung des Zeitreihenvergleichs wappnen?, BC 2005, S. 54 – 57.

BLEYMÜLLER, Josef / GEHLERT, Günter / GÜLICHER, Herbert: (Statistik) Statistik für Wirtschaftswissenschaftler, 15. Auflage, München 2008.

BMF: (Ergebnis) Ergebnis der steuerlichen Betriebsprüfung 2009, Online im Internet, S. 1 – 4, URL: http://www.bundesfinanzministerium.de/nn_308/DE/ Wirtschaft__und__Verwaltung/Steuern/Veroeffentlichungen__zu__Steuerarten/ Betriebspruefung/008__a,templateId=raw,property=publicationFile.pdf (Stand 27.05.2010, Abfrage 25.01.2011, MEZ 19:30 Uhr).

BOHLEY, Peter: (Statistik) Statistik – Einführendes Lehrbuch für Wirtschafts- und Sozialwissenschaftler, 7., gründliche überarbeitete und aktualisierte Auflage, München Wien 2000.

BORNHEIM, Wolfgang: (Verteidigungsstrategien) Verteidigungsstrategien gegen Schätzungen – Maßnahmen gegen Schätzungen im Besteuerungsverfahren, AO-StB 2003, S. 49 – 54.

BORNHEIM, Wolfgang: (Steuerstrafverteidigung) Steuerstrafverteidigung – Strafrecht - Steuerrecht - Wirtschaftliche Folgen, 2. Auflage, Köln 2010.

BRAUN, Rainer: (Anmerkung) Anmerkung zum FG Köln Urteil vom 27.01.2009, Rs. 6 K 3954/07, Beweislastverteilungsregelung des § 158 AO, EFG 2009, S. 1096.

BRETE, Raik: (Gastronomiebetrieben) Die Nachkalkulation unter besonderer Berücksichtigung von Gastronomiebetrieben, StBp 2007, S. 70 – 76.

BRUSCHKE, Gerhard: (Steuererklärungen) Die Schätzung von Besteuerungsgrundlagen bei der Nichtabgabe von Steuererklärungen, DStZ 2006, S. 222 – 229.

BÜNING, Herbert / TRENKLER, Götz: (Methoden) Nichtparametrische statistische Methoden, 2. völlig neu bearbeitete Auflage, Berlin 1994.

BURKHARD, Jörg: (Außenprüfung) Aktuelle Fragen aus der Praxis der Außenprüfung – Mit dem PC durch Chi^2-Test und Zeitreihenvergleich „vergessene Einnahmen“ aufspüren, StBp 2006, S. 61 – 62.

BUSE, Johannes W.: (Anmerkung) Anmerkung zum FG Köln Urteil vom 27.01.2009, Rs. 6 K 3954/07, Bedeutung eines Zeitreihenvergleichs, AO-StB 2009, S. 265 – 266.

BUSE, Johannes W.: (Entscheidungen) Ausgewählte Entscheidungen zur Außenprüfung aus dem Jahre 2008, StBp 2009, S. 137 – 142.

CARLÉ, Thomas: (Unternehmens-EDV) Der Zugriff der Finanzverwaltung auf die Unternehmens-EDV, KÖSDI 2001, S. 13106 – 13115.

CARLÉ, Thomas: (Abwehr) Die Abwehr von Schätzungen in Betriebsprüfungen, KÖSDI 2005, S. 14717 – 14727.

CARLÉ, Thomas: (Verprobungsmethoden) Geldverkehrs- und Vermögenszuwachsrechnung – Möglichkeit zur Überprüfung von Verprobungsmethoden, AO-StB 2006 S. 124 – 126.

CÖSTER, Thilo in PAHLKE / KOENIG (Hrsg. Armin Pahlke, Ulrich Koenig): Abgabenordnung, Kommentar, 2. Auflage, München 2009.

DAEVES, Karl: (Groß-Zahlforschung) Grundlagen und Anwendung der Großzahl-Forschung, in: Rationalisierung durch Großzahlforschung: Bericht über die Anwendung der Großzahl-Methodik auf der Großzahl-Tagung am 18. April 1951 in Düsseldorf, Düsseldorf 1952.

DAEVES, Karl / BECKEL, August: (Großzahl-Methodik) Großzahl-Methodik und Häufigkeits-Analyse, Weinheim 1958.

DRÜEN, Klaus Dieter: (Testverfahren) Die Kontrolle der Kassenbuchführung mit Hilfe statistischer Testverfahren, PStR 2004, S. 18 – 22.

ELLER, Peter: (Rechnungsstellung) Elektronische Rechnungsstellung und digitale Betriebsprüfung, Berlin 2003.

ERNST, Josef: (Methoden) Indirekte Methoden der steuerlichen Betriebsprüfung: Klassische Verprobung – Systemprüfung – neuere Verfahren, Berlin 1986.

ERNST, Josef: (Reihenvergleich) Der grafische Reihenvergleich als neuere indirekte Prüfungsmethode der steuerlichen Betriebsprüfung, StBp 1986, S. 78 – 85.

FACHVERBAND GASTRONOMIE: (Steuerprüfungen) Finanzverwaltung schießt bei Steuerprüfungen manchmal übers Ziel – Fachverband Gastronomie bietet Hilfestellung für Betriebe, S. 1 – 2, Online im Internet, URL: http://portal.wko.at/wk/dok_detail_file.wk?AngID=1&DocID=338874&DstID=1486&StID=176100 (Stand: März 2005, Abfrage 20.04.2011, MEZ 19:35 Uhr).

GEBBERS, Harald: (Strukturanalyse) Die Strukturanalyse, StBp 2007, S. 225 – 231, S. 257 – 263 und S. 289 – 298.

GEBBERS, Harald: (Rechtsprechung) Analyse der Rechtsprechung zum Chi-Quadrat-Test in der Außenprüfung – Anwendung zur Prüfung von Erlösen und Fahrtenbüchern, StBp 2008, S. 209 – 214 u. S. 290 – 296.

GOLDSTEIN, Elmar: (Betriebsprüfung) Betriebsprüfung, Freiburg Berlin München 2009.

GOMBERT, Irene: (Schätzung) Die Schätzung der Besteuerungsgrundlagen nach § 162 der Abgabenordnung, Dissertation zum Dr. iur., Schriften zum Steuerrecht (Hrsg. Joachim Lang, Jens Peter Meincke), Band 69, Berlin 2001.

GREENWOOD, Priscialla E. / NIKULIN, Mikhail S.: (Guide) A Guide to Chi-Squared Testing, New York 1996.

GROß, Stefan / GEORGIUS, Alexander: (Prüfmakros) Weitere Intensivierung der digitalen Betriebsprüfung durch den Einsatz von Prüfmakros, DStR 2006, S. 2067 – 2071.

GROß, Stefan / WEISSINGER, Andreas: (Prüfsoftware) Die digitale Betriebsprüfung mit der IDEA-Prüfsoftware, BC 2003, S. 250 – 253.

HACKL, Peter: (Gutachten) Gutachten über statistische Verfahren in der steuerlichen Betriebsprüfung, Dezember 2004, S. 1 – 15, Online im Internet, URL:

http://portal.wko.at/wk/dok_detail_file.wk?angid=1&docid=338868&stid=176097 (Stand Dezember 2004, Abfrage 20.04.2011, MEZ 19:40 Uhr).

HACKL, Peter: (Verfahren) Statistische Verfahren in der steuerlichen Betriebsprüfung – Bewertung von Verfahren zur Betrugsbekämpfung, SWK 2005, S. 728 – 734.

HAGENKÖTTER, Andreas / MÜLOT, Dirk-Michael: (Datenzugriff) Die Digitale Steuerprüfung – Neue Formen des Datenzugriffs der Finanzverwaltung ab dem 1. Januar 2002, Bonn 2002.

HÄRTL, Willi / SCHIEDER, Susanne: (Erlöserfassungssysteme) Ordnungsmäßigkeit digital geführter Erlösaufzeichnungen – Elektronische Registrierkassen und digitale Erlöserfassungssysteme im Brennpunkt des Steuerrisikos Erlösverkürzung, StBp 2011, S. 33 – 40 u. S. 68 – 76.

HARTUNG, Joachim: (Statistik) Statistik – Lehr- und Handbuch der angewandten Statistik, 12. unwesentlich veränderte Auflage, München Wien 1999.

HERZIG, Norbert / BRIESEMEISTER, Simone / SCHÄPERCLAUS, Jens: (Steuer-Taxonomie) E-Bilanz und Steuer-Taxonomie, DB 2010, Beilage Nr. 5, S. 1 – 24.

HERZIG, Norbert / BRIESEMEISTER, Simone / SCHÄPERCLAUS, Jens: (E-Bilanz) Von der Einheitsbilanz zur E-Bilanz, DB 2011, S. 1 – 9.

HILL, Theodore P.: (Derivation) A Statistical Derivation of the Significant-Digit Law, Statistical Science 1995, S. 354 – 363.

HÖGEMANN, Holger F.: Neuere Entwicklungen bei der Schätzung im Rahmen der steuerlichen Betriebsprüfung, insbesondere im Bereich der Gastronomie, INF 2000, S. 585 – 589.

HUBER, Erich: (Methoden) Weiterentwickelte und neue Methoden der Überprüfung, Verprobung und Schätzung, StBp 2002, S. 199 – 208, S. 233 – 239, S. 258 – 265 u. S. 293 – 299.

HUBER, Erich: (Praxis) Zur Praxis notwendiger neuer Überprüfungs- und Verprobungsmethoden, ÖStZ 2002, S. 643 - 648.

HUBER, Erich: (Theorie) Zur Theorie notwendiger neuer Überprüfungs- und Verprobungsmethoden, ÖStZ 2002, S. 595 - 600.

HUBER, Erich: (Verteilungsstruktur) Zur Analyse der Verteilungsstruktur von Tageseinnahmen als neue Prüfungstechnik, FJ 2003, S. 194 – 200.

HUBER, Erich: (Prüfungstechnik) Die neue Prüfungstechnik in der Betriebsprüfung – Methoden zur Betrugsbekämpfung, Wien 2004.

HUBER, Erich: (Prüfungstheorie) Beiträge zur Prüfungstheorie in Hochrisikofällen, StBp 2004 S. 313 – 321, S. 351 – 356 u. StBp 2005, S. 7 – 15.

HUBER, Erich: (Risikomanagement) Risikomanagement im Problembereich der Einnahmen/Erlöse bei Betriebsprüfungen im Klein- und Mittelbetriebsbereich, StBp 2006, S. 5 – 11 und S. 49 – 54.

HUBER, Erich: (Erlösrevision) Zum Problem der quantitativen Entdeckungswahrscheinlichkeit bei der Erlösrevision im Spannungsfeld von Aufzeichnungen, Schätzungsmethoden und mangelnder Compliance, StBp 2007, S. 129 – 138, S. 161 – 168 u. S. 193 – 202.

HUBER, Erich: (Entdeckungswahrscheinlichkeit) Steuerliches Risikomanagement im Erlösbereich – Zur quantitativen Entdeckungswahrscheinlichkeit, ÖStZ 2008, S. 80 – 86.

HUBER, Erich: (Herleitung) Digitale Ziffernanalyse versus Strukturanalyse und die logische Herleitung von Benford (NBL), StBp 2008, S. 241 – 248 und S. 273 – 282.

HUBER, Erich: (Fiskallösungen) Über Registrierkassen, Phantomware, Zapping und Fiskallösungen aus Deutschland und Österreich, StBp 2009, S. 153 – 161, S. 185 – 195, S. 217 – 223, S. 253 – 260, S. 286 – 293, S. 317 – 324 u. S. 342 – 349.

HUBER, Erich: (Weiterentwicklung) Die neue Prüfungstechnik – mathematische Weiterentwicklung, Wien 2009.

HUBER, Erich / HUBER, Florian: (Prüfungstool) Einsatz von Supporting Audit Software als Prüfungstool für erweiterte Ziffernanalysen, StBp 2006, S. 280 – 290 und S. 305 – 317.

HUBER, Erich / HUBER, Florian: (Ziffernanalyse) Nochmals zur digitalen Ziffernanalyse und zur Herleitung von Benford (NBL) sowie zum Chi^2-Test über die „Endziffern", StBp 2009, S. 65 – 71, S. 93 – 100 u. S. 121 – 130.

HUBER, Erich / WÄHNERT, Andreas: (NiPt) Neue Interaktive Prüfungstechnik (NiPt) – Der systematische Einsatz neuer Prüfverfahren in der Finanzverwaltung, NWB 2009 S. 2814 – 2818.

HUBER, Erich / WÄHNERT, Andreas: (Zeitreihenurteil) Das Kölner Zeitreihenurteil und das Projekt „NiPt", StBp 2009, S. 207 – 209.

HÜBL, Lukas: (Praxis) UFS kippt fragwürdige Prüfungstechnik in der steuerlichen Betriebsprüfung – Verfahren zur Betrugsbekämpfung in der Praxis, SWK 2005, S. 929 – 934.

HÜFKEN, Jörg-Dieter / DRÜEN, Klaus-Dieter: (Kontrolle) Die Kontrolle der Kassenbuchführung mit Hilfe des „Chi^2-Tests" in der Praxis, PStR 2004, S. 44 – 46.

KLEINE, Klaus: (Berichtigungspotential) Das Berichtigungspotential der steuerlichen Betriebsprüfung – eine empirische Untersuchung des Prüfungsprozesses und der Prüfungsergebnisse, Bielefeld 1988.

KÖHLER, Roland: (Betriebsstatistik) Grundlagen der Betriebsstatistik und der Informationsdarstellung als Basisinformation zur Anwendung indirekter Prüfungsmethoden, StBp 2001, S. 62 – 68.

KOTTKE, Klaus: (Vermögenszuwächse) Noch einmal: Die einkommensteuerliche Behandlung ungeklärter Vermögenszuwächse, BB 1999, S. 1741 – 1742.

KRATZSCH, Alexander/ RAHE, Sebastian: (Methoden) Mathematisch-statistische Methoden in der Betriebsprüfung, StB 2010, S. 162 – 168 u. S. 191 – 199.

KRÖMKER, Ulrich: (Entwicklungen) Aktuelle FG-Rechtsprechung zum Verfahrensrecht – Tendenzen und Entwicklungen, AO-StB 2004, S. 184 – 189.

LINDENTHAL, Walter: (Verprobung) Die Anwendung mathematisch-statistischer Methoden zur Verprobung und Schätzung im Rahmen der steuerlichen Betriebsprüfung, FJ 1989, S. 63 – 69, S. 87 – 89 u. S. 104 – 108.

MEYER, Ingeborg M.: (Abwehrstrategien) Abwehrstrategien gegen die Schätzung von Besteuerungsgrundlagen im Betriebsprüfungsverfahren, DStR 2005, S. 2114 – 2119.

MITTELBACH, Rolf: (Besteuerungsverfahren) Die Schätzung im Besteuerungsverfahren, Ludwigshafen / Herne / Berlin 1961.

MITTELBACH, Rolf: (Vermögenszuwachsrechnung) Vermögenszuwachsrechnung und Gesamtgeldverkehrsrechnung, StBp 1982, S. 59 – 63.

MOCHTY, Ludwig: (Rechnungswesen) Die Aufdeckung von Manipulationen im Rechnungswesen – Was leistet Benford's Law?, WPg 2002, S. 725 – 736.

MÜLLER, Jürgen R.: (Verprobungsverfahren) Intensivere Prüfungen durch die Finanzverwaltung mittels neuer Software und statistischer Verprobungsverfahren, StB 2006, S. 142 – 145.

NEWCOMB, Simon: (Frequency) Note on the Frequency of Use of the Different Digits in Natural Numbers, American Journal of Mathematics 1881, S. 39 – 40.

NIGRINI, Mark John: (Analysis) Digital analysis using Benford's law: tests & statistics for auditors, 2. Auflage, Vancouver 2000.

ODENTHAL, Roger: (Ziffernanalyse) Digitale Ziffernanalyse: Ein wirkungsvoller Beitrag zur computergestützten Deliktrevision?, WPg 1999, S. 630 – 635.

ODENTHAL, Roger: (Prüfsoftware) Prüfsoftware im Einsatz – Handbuch für die praktische Analyse von Unternehmensdaten, Nürnberg 2006.

ODENTHAL, Roger: (Anmerkungen) Trau, Schau, Wem? – Kritische Anmerkungen zur digitalen Betriebsprüfung, BBK 2010, S. 31 – 35.

PFÜTZENREUTER, Volker: (Zeitreihenvergleich) Zeitreihenvergleich und „30/70"-Methode als Verfahren zur Prüfung der Buchführung und der Aufzeichnungen im Gastronomiebereich, EFG 2007, S. 816 – 817.

POSCH, Peter N.: (Ziffernanalyse) Digitale Ziffernanalyse – Eine Erweiterung des Newcomb-Benford-Verfahrens, StBp 2010, S. 338 – 342.

QUICK, Reiner / WOLZ, Matthias: (Law) Benford's Law in deutschen Rechnungslegungsdaten, BFuP 2003, S. 208 – 224.

REICHEL, Fritz: (Schätzung) Die Schätzung der Besteuerungsgrundlagen im Spiegel der höchstrichterlichen Rechtsprechung, Heidelberg 1979.

SACHS, Lothar: (Methoden) Statistische Methoden, 5. Auflage, Berlin Heidelberg 1982.

SACHS, Lothar / HEDDERICH, Jürgen: (Statistik) Angewandte Statistik, 12. vollständig neu bearbeitete Auflage, Berlin Heidelberg 2006.

SCHMITZ, Karl-Jakob: (Fortbildung) Methodenentwicklung und Fortbildung für die Außenprüfung, in: Vogelgesang (Hrsg.): Perspektiven der Finanzverwaltung – Analysen und Prognosen im Spiegel von Wissenschaft und Praxis, Köln 1992.

SCHMITZ, Karl-Jakob / GEBBERS, Harald, HUBER, Erich: (Nachruf) Nachruf auf Wilhelm Baselt, „Vater" der modernen steuerlichen Prüfungstechnik, StBp 2011, S. 93 – 96.

SCHNEIDER, Thomas: (Aufdeckung) Das Benford-Gesetz als statistisches Instrument zur Aufdeckung von Unregelmäßigkeiten, INF 2004, S. 677 – 680.

SCHNEIDER, Thomas: (Unternehmensdaten) Digitale Analyse der Unternehmensdaten – Vorbereitung der Betriebsprüfung, Sicherheit der Unternehmensdaten, DStR 2004, S. 1269 – 1272.

SCHÜTZEBERG, Jost: (Schätzung) Die Schätzung im Besteuerung- und im Steuerstrafverfahren, StBp 2009, S. 33 – 38.

SEER, Roman: (Verständigungen) Verständigungen in Steuerverfahren, Köln 1999.

SEER, Roman: in TIPKE / KRUSE (Hrsg. Klaus Tipke, Heinrich W. Kruse): Abgabenordnung Finanzgerichtsordnung, Kommentar, Köln 2003, 124. Lieferung Stand 11.2010.

SEER, Roman: (Steuerberater) Die Rolle des Steuerberaters in einer elektronischen Finanzverwaltung, DStR 2008, S. 1553 – 1560.

SIEGEL, Sidney: (Methoden) Nichtparametrische statistische Methoden, 5. Auflage, Eschborn 2001.

SOEHNER, Thomas: (Betriebsprüfung) Betriebsprüfung: Neue Methoden, neue Schwerpunkte, StC 2010, S. 17 – 20.

SOSNA, Christian: (Lokalisierung) Einsatz statistischer Methoden zur Risikoanalyse, Recherche und Lokalisierung von Steuerausfällen, StBp 2000, S. 41 – 46 und S. 68 – 74.

SOSNA, Christian: (Ziffernanalyse) Statistische Ziffernanalyse, StBp 2004, S. 249 – 253 u. StBp 2005, S. 97 – 102.

STAHL, Rudolf: (Methoden) Schätzungen im Steuerrecht: Voraussetzungen – Methoden - Grenzen, KÖSDI 1990, S. 7917 – 7929.

STAHL, Rudolf: (Betriebsprüfung) Elektronische Betriebsprüfung, KÖSDI 2005, S. 14532 – 14539.

STRECK, Michael: (Außenprüfung) Die Außenprüfung, Köln 1993.

TEUFEL, Thomas: (Organisationen) Außenprüfungen bei gemeinnützigen Organisationen (formelles Prüfungsrecht), DB 1999, S. 874 – 877.

TIPKE, Klaus: (Steuerrechtsordnung) Die Steuerrechtsordnung, Band III, Köln 1993.

TRZASKALIK, Christoph in HÜBSCHMANN / HEPP / SPITALER (Hrsg.: Walter Hübschmann u.a.): Abgabenordnung und Finanzgerichtsordnung; Kommentar, Köln 1951/2009, Loseblatt 210. Ergänzungslieferung, Stand 12/2010.

UFSW: (Berufungsentscheidung) Berufungsentscheidung – Steuer (Senat) UFSW, GZ RV/0328-W/06 vom 12.03.2009, S. 1 – 142, Online im Internet, URL: https://findok.bmf.gv.at/findok/link?bereich=ufs-tx&gz=%22RV%2F0328-W%2F06%22 (Stand 12.03.2009, Abfrage 20.04.2011, MEZ 19:30 Uhr).

VAN MEEGEN, Hubert: (Methoden) Neue Methoden der Außenprüfung, Stbg 2003, S. 488 – 491.

WÄHNERT, Andreas: (Außenprüfung) Die betriebswirtschaftliche und statistische Analyse als Mittel der Außenprüfung, Stbg 2007, S. 289 - 294.

WÄHNERT, Andreas: (Untersuchung) Untersuchung von Risikodaten mit statistischen Methoden – Wie vertrauenswürdig sind die risikobehafteten Daten der Buchführung?, BBK 2007, S. 991 – 1000.

WÄHNERT, Andreas: (Wahrscheinlichkeitstests) Die Anwendung von Wahrscheinlichkeitstests in der Außenprüfung und die richtige Interpretation der Ergebnisse, StBp 2007 S. 65 – 70.

WÄHNERT, Andreas: (Anwendung) Anwendung summarischer Methoden in der elektronischen Betriebsprüfung, BBK 2008, S. 581 – 588 und S. 633 - 642.

WÄHNERT, Andreas: (Grenzen) Anwendbarkeit, Aussagekraft und Grenzen stochastischer Manipulationstests, StBp 2008, S. 312 – 318.

WÄHNERT, Andreas: (Quantilsschätzung) Die Quantilsschätzung – Schätzungsmöglichkeiten mit summarischen Methoden; BBK 2008, S. 1083 – 1090.

WÄHNERT, Andreas: (Risikoprüfung) Summarische Risikoprüfung – Echtes Risikomanagement in der Finanzverwaltung mit Hilfe einer neuen Prüfungsmethode, StBp 2008, S. 296 – 299.

WÄHNERT, Andreas: (Einsatzmöglichkeiten) Einsatzmöglichkeiten neuer Prüfverfahren für die Finanzverwaltung – Integration der neuen Prüfungsmethoden in ein systematisches Risikomanagement, BBK 2009, S. 738 – 747.

WÄHNERT, Andreas: (Risikomanagement) Risikomanagement mit summarischen Methoden, StC 2009, S. 26 – 27.

WÄHNERT, Andreas: (Fragen) Aktuelle Fragen aus der Praxis der Außenprüfung: Digitale Manipulation – Bedrohung für das Steueraufkommen, StBp 2010, S. 56 – 58.

WÄHNERT, Andreas: (Risikofilterung) Von zeitgemäßer Risikofilterung bis Quantilsschätzung, StBp 2010, S. 1 – 6.

WÄHNERT, Andreas: (Verprobungsansätze) Beweiskraft systematisch-redundanter Verprobungsansätze, NWB 2010, S. 2959 – 2965.

WÄHNERT, Andreas: (Verprobungsnetze) Beweislast und Schätzung im Zusammenhang mit modernen Verprobungsnetzen, StBp 2011, S. 107 – 110.

WÄHNERT, Andreas: (Indizienketten) Die Bedeutung von Indizienketten im Besteuerungsverfahren, StBp 2011, S. 269 – 272.

WÄHNERT, Andreas: (Prüfungspraxis) Die unterschätzte Bedeutung von Indizienketten in der Prüfungspraxis, BBK 2011, S. 1187 – 1192.

WÄHNERT, Andreas / KUBALLA, Dirk-Peter: (Datenanalyse) Mathematisch-statistische Methoden in der Betriebsprüfung – Chi-Quadrat-Methode und Benford's Law bei der Datenanalyse, BBK 2006, S. 898 – 908.

WATRIN, Christoph: (Methoden) Statistische Methoden in der steuerlichen Betriebsprüfung, in Kirsch, Thiele (Hrsg.): Rechnungslegung und Wirtschaftsprüfung, Festschrift zum 70. Geburtstag von Professor Dr. Dr. h. c. Jörg Baetge, Düsseldorf 2007, S. 1188 - 1207.

WATRIN, Christoph / STRUFFERT, Ralf: (Chancen) Benford's Law und Chi-Quadrat-Test – Chancen und Risiken des Einsatzes bei steuerlichen Prüfungen, DB 2006, S. 1748 – 1750.

WATRIN, Christoph / ULLMANN, Robert: (Anwendungsmöglichkeiten) Ziffernanalyse in der steuerlichen Betriebsprüfung: Voraussetzungen, Funktionsweise, Anwendungsmöglichkeiten, WPg 2009, S. 98 – 106.

WEBER, Günter: (Stichprobenverfahren) Moderne Stichprobenverfahren in der Betriebspraxis, Hrsg. Hessisches Institut für Betriebswirtschaft e.V., Wiesbaden 1961.

WEDELSTÄDT, Alexander v.: (Finanzamt) Wann darf das Finanzamt schätzen?, AO-StB 2008, S. 244 – 249.

WEISKOPF, Jörg / WÄHNERT, Andreas: (Großbetriebsprüfung) Transfereffekte moderner Verprobungsansätze auf die Großbetriebsprüfung, BBK 2012, S. 127 - 133.

WEISSINGER, Andreas / GROß, Stefan / VOGL, Andreas: (Prüfsoftware) Einsatzmöglichkeiten von Prüfsoftware im Rechnungswesen sowie in der internen Revision am Beispiel von IDEA, BC 2004, S. 249 – 253.

WENZIG, Herbert: (Betriebsprüfung) Außenprüfung Betriebsprüfung, Grüne Reihe: Steuerrecht für Studium und Praxis, Band 12, 9. Auflage, Bremen 2004.

WIGGEN, Martin: (Beweiskraft) Die Beweiskraft des Zeitreihenvergleichs, StBp 2008, S. 168 – 173.

Rechtsquellenverzeichnis

Gesetze

Abgabenordnung (AO), in der Fassung der Bekanntmachung vom 1. Oktober 2002 (BGBl. I S. 3866, ber. I S. 61), zuletzt geändert durch Art. 2 Gesetz zur Verbesserung der Bekämpfung der Geldwäsche und Steuerhinterziehung (Schwarzgeldbekämpfungsgesetz) vom 28.04.2011 (BGBl. I S. 676).

Gesetz zur Senkung der Steuersätze und zur Reform der Unternehmensbesteuerung (Steuersenkungsgesetz – StSenkG) vom 23.10.2000 (BGBl. I S. 1433).

Rechtsprechungsverzeichnis

I. Bundesgerichtshof (BGH)

Datum	Aktenzeichen	Fundstelle
25.11.1982	4 StR 564/82	NStZ 1983, S. 133 – 134.
14.12.1989	4 StR 419/89	BGHSt 36, S. 320 – 328.

II. Bundesfinanzhof (BFH)

Datum	Aktenzeichen	Fundstelle
18.08.1960	IV 299/58 U	BStBl. III 1960, S. 451-453.
03.08.1966	IV R 75/66,	BStBl III 1966, S. 650-651.
25.06.1970	IV 17/65	BStBl. II 1970, S. 838-839.
31.07.1974	I R 216/72	BStBl. II 1975, S. 96-99.
17.11.1981	VIII R 174/77	BStBl. II 1982, S. 430-435.
02.02.1982	VIII R 65/80	BStBl. II 1982, S. 409-413.
02.03.1982	VIII R 225/80	BStBl. II 1984, S. 504-509.
26.04.1983	VIII R 38/82	BStBl. II 1983, S. 618-621.
18.12.1984	VIII R 195/82	BStBl. II 1986, S. 226-230.
22.08.1985	IV R 29-30/84	BFH/NV 1986, S. 719-720.
28.05.1986	I R 265/83	BStBl. II 1986, S. 732-735.
12.04.1988	VIII R 154/84	BFH/NV 1989, S. 636-638.
02.09.1988	III R 280/84	BStBl. II 1989, S. 4-7.
24.11.1988	IV R 150/86	BFH/NV 1989, S. 416-419.

Datum	Aktenzeichen	Fundstelle
08.11.1989	X R 178/87	BStBl. II 1990, S. 268-272.
07.11.1990	III B 449/90	BFH/NV 1991, S. 724 726.
25.07.1991	XI R 27/89	BFH/NV 1991, S. 796-798.
09.08.1991	VIII R 129/85	BStBl. II 1992, S. 55-57.
24.11.1993	X R 12/89	BFH/NV 1994, S. 766-768.
08.09.1994	IV R 6/93	BFH/NV 1995, S. 573-576.
26.10.1994	X R 114/92	BFH/NV 1995, S. 373-375.
24.06.1997	VIII R 9/96	BStBl. II 1998, S. 51-54.
02.07.1999	V B 83/99	BFH/NV 1999, S. 1450-1451.
07.06.2000	III R 82/97	BFH/NV 2000, S. 1462-1464.
04.12.2001	III B 76/01	BFH/NV 2002, S. 476.
17.06.2004	IV R 45/03	BFH/NV 2004, S. 1618-1619.
01.03.2005	X B 158/04	BFH/NV 2005, S. 1014-1016.
14.08.2006	VI B 152/05	BFH/NV 2006, S. 2281-2282.
21.06.2007	V B 211/05	BFH/NV 2007, S. 2112-2113.

III. Finanzgerichte (FG)

Gericht	Datum	Aktenzeichen	Fundstelle
FG Düsseldorf	15.02.2007	16 V 4691/06	EFG 2007, S. 814-815.
FG Düsseldorf	20.03.2008	16 K 4689/06	EFG 2008 S. 1256-1258.
FG Münster	11.02.2000	9 V 5542/99	DStRe 2000, S. 549-550.
FG Münster	05.12.2002	8 V 5774/02 E,G,U	Beck-online.
FG Münster	14.08.2003	8 V 2651/03 E,U	EFG 2004, S. 9-11
FG Münster	10.11.2003	6 V 4562/03 E,U	EFG 2004, S. 236-237.
FG Münster	19.08.2004	8 V 3055/04	EFG 2004, S. 1810-1812.
FG Münster	05.12.2005	1 K 6384/03 E	EFG 2006, S. 652-653.
FG Hamburg	24.06.2005	I 153/04	Beck-online.
FG Köln	27.01.2009	6 K 3954/07	EFG 2009, S. 1092-1096.
FG Rheinland-Pfalz	24.08.2011	2 K 1277/10	EFG 2012, S. 10-11.

Verzeichnis der Verwaltungsanweisungen

I. Bundesfinanzministerium

1. Richtlinien

Anwendungserlass zur Abgabenordnung (AEAO)

Vom 02.01.2008 (BStBl. I 2008, S. 26);

Geändert durch BMF-Schreiben vom 21.04.2008 (BStBl. I, S. 2008, 582), vom 17.07.2008 (BStBl. I 2008, S. 694), vom 02.01.2009 (BStBl. I 2009, S. 8), vom 30.07.2009 (BStBl. I 2009, S. 807), vom 22.12.2009 (BStBl. I 2010, S. 9), vom 12.03.2010 (BStBl. I 2010, S. 222), vom 28.07.2010 (BStBl. I 2010, S. 630), und vom 21.12.2010 (BStBl. I 2011, S. 2).

2. Verwaltungsanweisungen

Allgemeine Verwaltungsvorschrift für die Betriebsprüfung - Betriebsprüfungsordnung - (BpO 2000) vom 15.03.2000 (BStBl I S. 368), zuletzt geändert durch Artikel 1 der allgemeine Verwaltungsvorschrift vom 22.01.2008 (BStBl I S. 274).

Grundsätze zum Datenzugriff und zur Prüfbarkeit digitaler Unterlagen (GDPdU) vom 16.06.2001 (BStBl. I S. 415), Aktenzeichen: IV D 2 - S 316 - 136/01.

II. Andere Behörden

Finanzministerium Nordrhein-Westfalen:

Erlass betr. Grundsätze zur Rationalisierung der steuerlichen Betriebsprüfung vom 16.05.1995; Aktenzeichen: S 1502 - 4 - V C 5; Karteifundstelle: Bp-Kartei ND § 199 AO, § 7 BpO Karte 2 (koordinierter Ländererlass).

STEUER, WIRTSCHAFT UND RECHT

Herausgegeben von vBP StB Prof. Dr. Johannes Georg Bischoff, Wuppertal, Dr. Alfred Kellermann, Vorsitzender Richter am BGH (a. D.), Karlsruhe, Prof. (em.) Dr. Günter Sieben, Köln, und WP StB Prof. Dr. Norbert Herzig, Köln

Band 312
Andreas E. Dahlke
Harmonisierung der Konzernbesteuerung in der Europäischen Union – Ökonomische Analyse einer einheitlichen konsolidierten körperschaftsteuerlichen Bemessungsgrundlage
Lohmar – Köln 2011 • 688 S. • € 85,- (D) • ISBN 978-3-8441-0068-6

Band 313
Andrea Kamp
Steuercontrolling im internationalen Konzern – Aufbau eines Steuerinformationssystems
Lohmar – Köln 2011 • 268 S. • € 57,- (D) • ISBN 978-3-8441-0074-7

Band 314
Dietrich Jacobs
Internationale Besteuerung von mittelständischen Unternehmen in der Rechtsform von Personengesellschaften – Besteuerungsprobleme und Auswirkungen auf die betriebliche Standortwahl
Lohmar – Köln 2011 • 564 S. • € 76,- (D) • ISBN 978-3-8441-0086-0

Band 315
Simone Günter
Fortentwicklung des Handels- und Steuerbilanzrechts – Eine ökonomische Analyse
Lohmar – Köln 2012 • 404 S. • € 66,- (D) • ISBN 978-3-8441-0128-7

Band 316
Simon Rau
Statistisch-mathematische Methoden der steuerlichen Betriebsprüfung und die Strukturanalyse als ergänzende Alternative
Lohmar – Köln 2012 • 148 S. • € 43,- (D) • ISBN 978-3-8441-0142-3

JOSEF EUL VERLAG